高等学校教材

弹药质量监控实践教程
（化验）

主　编　鲁彦玲　张　力　赵　然

U0195125

西北工业大学出版社

西安

【内容简介】 本书分为11个实训专题，主要介绍了单基发射药、双基发射药、三基发射药、推进剂等的特殊组分含量检测，发射药的化学安定性评估等试验方法。内容包括滴定管的校准及修正、硫代硫酸钠标准溶液的配制与标定，火药中总挥发分含量的测定、二苯胺含量的测定、中定剂含量的测定，火药安定性试验(维也里试验、甲基紫试验、气相色谱法等)，以及真空安定性、相容性试验等。

本书主要作为高等学校弹药工程与爆炸技术专业相关课程的教材，也可供相关专业研究生和科技人员参考。

图书在版编目(CIP)数据

弹药质量监控实践教程：化验 / 鲁彦玲，张力，赵然主编. — 西安：西北工业大学出版社，2022.9
ISBN 978 - 7 - 5612 - 8444 - 5

Ⅰ. ①弹… Ⅱ. ①鲁… ②张… ③赵… Ⅲ. ①弹药-质量检验-教材 Ⅳ. ①TJ41

中国版本图书馆 CIP 数据核字(2022)第 240418 号

DANYAO ZHILIANG JIANKONG SHIJIAN JIAOCHENG（HUAYAN）
弹 药 质 量 监 控 实 践 教 程 （化 验）
鲁彦玲 张力 赵然 主编

责任编辑：朱晓娟		策划编辑：华一瑾	
责任校对：王玉玲		装帧设计：李 飞	
出版发行：西北工业大学出版社			
通信地址：西安市友谊西路 127 号		邮编：710072	
电 话：(029)88491757，88493844			
网 址：www.nwpup.com			
印 刷 者：兴平市博闻印务有限公司			
开 本：787 mm×1 092 mm		1/16	
印 张：8			
字 数：210 千字			
版 次：2022 年 9 月第 1 版		2022 年 9 月第 1 次印刷	
书 号：ISBN 978 - 7 - 5612 - 8444 - 5			
定 价：30.00 元			

如有印装问题请与出版社联系调换

前　言

弹药是我军通用装备的重要组成部分。为保证弹药的贮存安全和使用可靠,我军先后开展了火药试验和其他性能试验。在弹药在贮存过程中,火药中的能量成分、安定剂、水分和挥发分等组分都可能发生变化。这些组分含量的变化,将显著影响火药化学安定性、贮存安全性及弹道性能。因此,火药试验在弹药质量检测中占有十分重要的地位。

按照"弹药质量监控"课程教学计划,根据全军弹药化验技术培训的需要,笔者编写了本书。其中:实训一、实训二主要介绍了滴管的校准和溶液的标定;实训三介绍了总挥发分含量测定的试验方法;实训四、实训五介绍了二苯胺含量测定的溴化法和气相色谱法。实训六、实训七介绍了中定剂含量测定的溴化法和气相色谱法;实训八、实训九和实训十分别介绍了火药安定性的维也里试验、甲基紫试验和气相色谱法;实训十一介绍了真空安定性、相容性试验等。附录还介绍了相关试验的一些基础知识。

本书由鲁彦玲、张力、赵然主编,俞卫博、杜仕国主审,陈丽、吴雪艳、施冬梅、乔志明、马会娟、侯会卿等参加了资料整理工作。在编写本书的过程中,得到了中国人民解放军陆军工程大学弹药工程系各位领导和同事的大力支持,他们对本书的编写提出了宝贵意见,在此一并表示感谢。

在编写本书的过程中,参阅了相关文献资料,在此谨向其作者表示感谢。

由于水平有限,书中疏漏和不足之处在所难免,恳请广大读者批评指正。

编　者
2021 年 12 月

目　　录

实训一　滴定管的校准及修正

一、试 验 目 的

试验目的为对容量仪器进行校准。

二、测 定 原 理

由于制造时的公差、使用中试剂的侵蚀等各种原因,容量仪器的容积并不一定与它的标准容积完全相等。因此,对于准确度要求较高的分析工作,必须校准容量仪器。

由容量单位的定义和标准温度的概念可知,若在一个标准大气压下,温度为 20℃时玻璃量器的刻度容积,恰好盛入 1kg(在真空中称得的值)3.98℃的纯水,则这个量器的该刻度容积就是 1L。实际上,我们在测定量器容积时,不能既使纯水保持在 3.98℃,又同时使容器保持在 20℃,也不可能在真空中称量,而是将纯水和容器保持在同一室温下在空气中进行称量的。因此,在将室温下大气中称得的水的质量换算成体积单位时,必须考虑以下 3 种因素:

(1)温度改变时,水的密度也随之改变;

(2)温度改变时,玻璃量器的容积因玻璃的热胀冷缩也发生改变;

(3)空气的浮力使物体和砝码的质量变轻。

只有给予修正,才能求出容器的真实容积。这个修正值称为理论校正值。本实训着重介绍滴管的校准与修正。

三、实 训 准 备

1. 滴管的检查

在校准前应仔细检查其外观和气密状况。

(1)外观检查:滴管应正直,刻线部分管径应均一。刻线应细而清晰,并与管的纵轴垂直。玻璃必须透明,不得有水纹、气泡、斑节点和损伤等疵病。凡有活塞的玻璃滴管,表面必须有磨砂。其下端尖嘴的角度应均匀,嘴的开口端须磨平,孔的大小应使滴出的每滴水的容积为 0.02～0.04mL。无编号的滴管应予以编号。

(2)气密检查:检查时,将活塞栓拔出,用干布将栓及孔擦净。然后,在栓的表面涂上一层薄而均匀的活塞油或凡士林,将栓插入孔中,转动数次,使栓和孔密合。充满自来水,擦干滴管外部,置于架上,放置 15min,不得有漏水现象。是否漏水可依管内水位是否降低,管下尖嘴部是否挂有水珠,或用干纸片靠在尖嘴口侧看是否有水迹等来判别。若有漏水现象,则应仔细重涂抹活塞油再检查,若这样反复涂抹检查 3 次,仍然漏水,即认为该滴管气密性不良,应予以修理或报废。

2. 滴管的洗涤

滴管内壁若附有油污,则不但减少了量器的容积,而且有油污的地方易挂水珠,使水不能全部流出,造成较大的错误。因此,在校准前,必须十分注意洗涤滴管,使之清洁。在校准过程中,如发现有油污应及时洗涤。

一般滴管可用刷洗和铬酸洗液洗涤两个步骤洗涤。刷洗时,先对滴管外部以自来水冲洗,再以适量大小和形状的刷子蘸上无游离脂的肥皂(或肥皂水)擦抹滴管的内、外部,凡能看到的固体污垢,应予以除尽。再用自来水洗涤3～4次,然后用干净的白布将滴管的外部各处擦干。加入蒸馏水,当将水向外倾出时,如滴管内部留下一层均匀的水膜,任何地方无水珠,也无"干"的现象,才算洗净了。

凡以刷洗方法不能洗净的滴管,才用铬酸洗液洗涤。在校准滴管时,为了确保滴管清洁,每次刷洗后,应用铬酸洗液洗涤。

铬酸洗液洗涤方法:在用铬酸洗液洗涤之前,先将用自来水洗过的滴管倒悬数分钟,使器内残水流出,再用少许的氧化能力稍差(即已用过数次)的铬酸洗液,加入滴管内摇振,浸润整个器壁后,把洗液倾入原瓶。然后,将氧化力强的洗液注满滴管,加盖后,放置5～10min。将洗液倾出1/2,然后摇动滴管,使洗液上下左右振荡10余次,把洗液倒入原瓶,以便下次使用。

用铬酸洗液洗过的滴管,应静置3～5min。待壁上的残酸流下后,用自来水仔细冲洗滴管3～4次,再每次加入10～30mL蒸馏水,洗涤2～3次。用白布擦干滴管外各处水迹,仔细地观察滴管,其内外应清晰透亮,无任何污垢;当装满蒸馏水向外倾出时,水能沿管壁平行流下,在任何地方不挂水珠,也无"干"的现象,才算洗净了。

洗涤时应注意的事项如下:

(1)碱滴管在倾入铬酸洗液前,应将其下端橡皮管和玻璃珠取下,换上一段下端封闭的专用橡皮管。

(2)洗涤时,若酸滴定管尖端被凡士林或其他油脂阻塞,可将其尖端插入热水内,同时开大塞孔,以水冲除,或用乙醚、汽油等溶解。

(3)凡滴管内有石蜡、煤油、矿物油及一些石油蒸馏物,应用汽油或有机溶剂洗涤,不可先用铬酸洗液洗涤。

(4)凡有玻璃活塞的滴管,在涂好活塞油后,应用橡皮筋将栓固定,以免遗失或损坏。

(5)铬酸洗液吸潮性强,在每次使用后及存放期间,瓶子应加盖。

(6)铬酸洗液腐蚀性强,使用及制备时,不要沾着皮肤或衣物,万一沾上或溢出,应立即用大量自来水冲洗。

(7)用自来水或蒸馏水洗涤时,每次水量不宜过多,为了洗得干净,应当每次少用一些,并多洗几次。每次加入新水前,应将滴管内残存的水倾尽。

3. 滴管的安装

将清洁后的滴定管的玻璃旋塞及旋塞孔擦干,在旋塞上涂以旋塞油脂,将旋塞安装好,用橡皮圈或其他材料将其固定。

凡有玻璃活塞的滴管可直接放在滴管架上,保持正直,不得歪斜,以免增大读数误差。凡无玻璃活塞的碱滴管,可装一个玻璃三通活塞开关,使蒸馏水自滴管下端进入滴管中,以缩短自滴管上端装水时需要等待的时间。安装时,还必须在滴管上套一两个游标卡尺。

四、实训步骤

(一)测定方法

以50mL滴管为例说明如下:

(1)将滴管垂直地固定在滴管架上,把与蒸馏水瓶连接的橡皮管套在滴管尖端,打开活塞自下向上充水(蒸馏水瓶放在比滴定管高一些的地方),当蒸馏水充至零线上约 0.5mL 处时,关闭旋塞,拔下充水皮管,擦去滴定管尖端外部附着的水。

(2)天平按使用规则清理和调整后,将一适当容积(按滴管容积大小选择)的称量瓶或锥形瓶(应带有瓶盖和干净)放在分析天平上称准至 0.000 2g。

(3)在滴管下放一小烧杯(50mL),将套在滴定管上的游标卡尺上边沿放在"零"刻线下约 1mm 处,慢慢转动旋塞,调整滴管的水位,使其弯月面恰好与"零"刻线的上沿相切,然后用烧杯内壁接触滴定管尖端,除去尖嘴处附着的水。

(4)在滴定架上另装一支与被校管体大致相同的滴定管,内悬最小分度为 0.1℃的温度计一支,在被校管充水时,此管同时充水,以便测水温。

(5)将已称过的容器(如锥形瓶)放在滴定管下,把另一游标的上边沿放在 5mL 刻线下约 1mm 处,慢慢转动旋塞,使水一滴一滴(2～3 滴/s,6～7mL/min)沿称皿壁流下,当滴定管内水面降至接近 5mL 刻线处时,关闭旋塞,并靠下尖嘴上的水滴,盖好称皿,等候 1min,再慢慢将滴定管内水位的弯月面降至与"5"标线的上沿恰好相切,以容器内壁靠下尖嘴上的附着水,盖好称皿,在天平上称准至 0.000 2g。

(6)将称皿中的水倾出,用布擦干,称准至 0.000 2g。按前法充水至"零"刻线以上约 0.5mL处,重复(3)(4)操作,称出 0～5 刻线间的水量。如温度变化不大,两次称得水的质量之差应在 0.005g 以下,否则应再测定一次,应符合规定;若仍不合规定,应返工重新测定。

(7)按测定 0～5 刻线间的水量的方法,测定 0～10,0～15,0～20 刻线间的水量等至滴定管的全容积(对要求精度高的岗位用的滴定管,在常用 20～40mL 段,每 2mL 校一点,即 0～22mL,0～24mL,…)。每次均自零线开始,每次递增 5mL,各做 2～3 次,其差值应在 0.005g以下。但每次等候的时间,凡在 20mL 及以下的容积均等 1min,大于 20mL 的均等 2min。水流出速度应始终保持一致,不得过快或过慢。

(8)微量滴定管的校正方法与前述相同。对 2mL 及以下容积的滴定管,每 0.2mL 校正一点,即 0～0.2mL,0～0.4mL,…。放水速度约为每 22s 下降 2cm。也可按 0～50mL,0～45mL,0～40mL 等递减的方法进行校正。

(二)结果计算和表述

$$V_{20} = \frac{W_t + \Delta W_t}{d_{3.98}}$$

式中　V_{20}——滴管在 20℃时的真容积;

　　　W_t——被校刻度所盛纯水的质量,g;

　　　ΔW_t——被校刻度的理论校正值,g;

　　　$d_{3.98}$——3.98℃时纯水的密度。

若称得某刻度容积所装纯水的质量 W_t,加上理论校正值 ΔW_t 后的总质量除以水在 3.98℃时的密度 $d_{3.98}$,所得的容积值若与刻度的名义值相等,则该刻度准确,否则,其差值即是该刻度的修正值(也叫校正值),用公式表示如下:

$$\Delta V = \frac{W_t + \Delta W_t}{d_{3.98}} - V_{刻}$$

因为 $d_{3.98}=1.000$

所以 $\Delta V = W_t + \Delta W_t - V_刻$

式中 ΔV——被校刻度的修正值,mL;

　　　　$V_刻$——被校刻度的名义值,mL。

5～40℃之间的1L纯水在空气中用黄铜砝码称得的质量 W_t 及其相应的理论校正值见表1-1。

表1-1 在5～40℃时1L纯水的 W_t 及理论校正值 ΔW_t

温度/℃	W_t/g	ΔW_t/g	温度/℃	W_t/g	ΔW_t/g	温度/℃	W_t/g	ΔW_t/g
5	998.55	1.45	17	997.67	2.33	29	995.17	4.83
6	998.55	1.45	18	997.51	2.49	30	994.90	5.10
7	998.53	1.47	19	997.35	2.65	31	994.60	5.40
8	998.50	1.50	20	997.17	2.83	32	994.31	5.69
9	998.45	1.55	21	996.99	3.01	33	994.01	5.99
10	998.40	1.60	22	996.80	3.20	34	993.71	6.29
11	998.33	1.67	23	996.59	3.41	35	993.40	6.60
12	998.25	1.75	24	996.38	3.62	36	993.07	6.93
13	998.15	1.85	25	996.16	3.84	37	992.74	7.26
14	998.05	1.95	26	995.93	4.07	38	992.41	7.59
15	997.94	2.06	27	995.68	4.32	39	992.06	7.94
16	997.81	2.19	28	995.43	4.57	40	991.71	8.29

每毫升修正值的计算:如果修正值的大小符合规定,以滴管的刻度数(mL)作为横坐标,在坐标纸(纵坐标上每5或10小方格代表0.01mL,横坐标上每2小方格代表1mL)上取点,然后,按顺序连接各点成一曲线。

绘好图以后,在横坐标上以每毫升为基点作垂线,至与曲线相交,自交点向纵坐标作水平线,至与纵坐标相遇,即得相应的修正值。所测数值可列成滴管修正值表。

(三)注意事项及影响分析

(1)滴管的尖嘴内不能存有气泡。碱滴管上装的三通开关应绑牢固,不能活动,以免液面上下移动。

(2)应按规定时间用秒表控制滴管流速。以游标卡尺仔细读取水位,并保持每次一样。

(3)称量瓶内外应保持清洁,工作时应戴白手套,不能以手直接接触。

(4)若所用称皿容积较大,则可以不用每次将水倾出,水倾出后亦可不将瓶内壁擦干,只要将外部擦干即可。

实训二 硫代硫酸钠标准溶液的配制与标定

一、试 验 目 的

试验目的是为中定剂和二苯胺的测定提供硫代硫酸钠标准溶剂。

二、测 定 原 理

在酸性溶液内,碘化钾与重铬酸钾作用析出游离的碘,然后用硫代硫酸钠溶液滴定析出来的游离碘。析出的游离碘的量与重铬酸钾的量成正比,故由重铬酸钾的量可准确地确定硫代硫酸钠溶液的浓度。以淀粉作指示剂,由于淀粉与游离碘反应呈蓝色,终点可根据有无蓝色确定,则有

$$K_2Cr_2O_7 + 6KI + 14HCl \longrightarrow 8KCl + 2CrCl_3 + 7H_2O + 3I_2 \downarrow$$

$$2Na_2S_2O_3 + I_2 \longrightarrow Na_2S_4O_6 + 2NaI$$

标定硫代硫酸钠溶液的方法有纯碘法、重铬酸钾法、高锰酸钾法等数种,其准确度及操作精度相差不大,但以重铬酸钾法为优,既经济又简便。

三、试 剂 配 制

(1)硫代硫酸钠($Na_2S_2O_3 \cdot 5H_2O$):二级品,$M_{(Na_2S_2O_3 \cdot 5H_2O)} = 248.183g/mol$。

(2)重铬酸钾($K_2Cr_2O_7$)基准试剂:$M_{(\frac{1}{6}K_2Cr_2O_7)} = 49.032g/mol$。

重铬酸钾易吸湿,应于140~150℃烘箱内烘2~3h,然后放入盛有新灼烧过的氯化钙干燥器内冷却至室温备用。允许用红外线法干燥。

(3)碘化钾(KI):二级品,不得含有碘酸盐。

(4)0.5%淀粉溶液。配制方法:将1L蒸馏水加热至沸腾,5g淀粉用少量蒸馏水调成糊状,溶入蒸馏水中。

(5)2mol/L盐酸:将167mL密度为1.19g/mL的盐酸(二级品),以蒸馏水稀释至1L。

四、实 训 步 骤

(一)测定方法

1. 硫代硫酸钠溶液的配制

每制备10L的0.1mol/L的硫代硫酸钠溶液,称取248.3g硫代硫酸钠于2L的烧杯内,加入1.5L新煮沸的蒸馏水,搅拌使其完全溶解。然后倾入经除过空气中CO_2的细口瓶内,加水至标线。密闭在暗处静置12~15d,再用虹吸管将澄清溶液导入另一清洁的经除过空气中CO_2的茶色细口瓶内,摇匀,以备标定。

2. 硫代硫酸钠溶液的标定

在分析天平上称取0.13~0.15g重铬酸钾基准试剂,称准至0.000 2g,置于500mL带塞锥形瓶中,加25mL水使其溶解,再加入2g碘化钾和15mL的2mol/L盐酸,混匀,盖上瓶塞在

暗处静置 5min,再加 250mL 水稀释,然后以欲标定 0.1mol/L 硫代硫酸钠溶液滴定到淡黄绿色,加入 0.5％淀粉溶液 3mL,继续滴至蓝色消失(溶液呈 Cr^{3+} 的淡绿色),即为终点。

(二)结果计算和表述

硫代硫酸钠标准溶液物质的量浓度按下式计算:

$$c_{(Na_2S_2O_3)} = \frac{1\,000G}{M_{(\frac{1}{6}K_2Cr_2O_7)} \cdot V}$$

式中　$c_{(Na_2S_2O_3)}$——硫代硫酸钠标准溶液的浓度,mol/L;

　　　　G——重铬酸钾基准试剂的质量,g;

　　　　V——消耗硫代硫酸钠标准溶液的体积,mL。

每次标定 5～6 个结果,其平行测定误差(最大值－最小值)不大于 0.001 5mol/L,取其平均值,精确至 0.000 1mol/L。

(三)注意事项及影响分析

(1)硫代硫酸钠溶液应避免接触橡皮制品。

(2)硫代硫酸钠与硫酸钠的组成相似,不过其中一个氧原子被硫原子所代替,就因为有这样一个硫原子在里面,硫代硫酸钠就有了显著的还原能力。因此,当与强氧化剂作用时,可被氧化成硫酸盐,但这个反应的当量关系并不准确。硫代硫酸钠与较弱的氧化剂碘作用时,只能氧化成四硫磺酸钠,即

这一反应是碘量法的基础。

必须指出,上述反应应该在中性或弱酸性溶液中进行。

(3)溶液的配制:结晶的硫代硫酸钠($Na_2S_2O_3 \cdot 5H_2O$)易风化失水,一般都含有杂质,故不能用直接法配制标准溶液,需先配制近似浓度,然后标定。

硫代硫酸钠溶液不稳定,容易分解,使浓度改变。其主要有下述原因:

1)溶于水中的碳酸作用:在溶液中氢离子的浓度大于 2.5×10^{-5} mol/L 时,硫代硫酸钠就会分解。

溶于水中的碳酸的氢离子浓度通常大于 2.5×10^{-5} mol/L,故能使硫代硫酸钠慢慢分解:

$$Na_2S_2O_3 + H_2CO_3 \longrightarrow NaHCO_3 + S\downarrow + NaHSO_3$$

这个分解反应一般在配制后 10d 内即能进行完全。生成物亚硫酸氢钠与碘作用变成硫酸氢钠,则有

$$NaHSO_3 + I_2 + H_2O \longrightarrow NaHSO_4 + 2HI$$

硫代硫酸钠放出两个电子,故使标准溶液的还原剂浓度在配制后的 10～14d 内略有增加。因

此,常在配制溶液两星期后才进行标定。如需急用,可在配溶液前将蒸馏水煮沸,以驱除水中的 CO_2。

pH 在 9～10 之间的硫代硫酸钠溶液最稳定,故常在溶液中加入少量碳酸钠来减缓其分解。

2)空气的氧化作用:

$$2Na_2S_2O_3 + O_2 \longrightarrow 2Na_2SO_4 + 2S \downarrow$$

少量 Cu^{2+} 存在时,可使此反应加速:

$$2Cu^{2+} + 2S_2O_3^{2-} = 2Cu^+ + S_4O_6^{2-}$$

$$2Cu^+ + \frac{1}{2}O_2 + H_2O = 2Cu^{2+} + 2OH^-$$

加入碳酸钠后,可使大部分 Cu^{2+} 形成氢氧化铜沉淀而除去。

3)微生物作用:

$$Na_2S_2O_3 \longrightarrow Na_2SO_3 + S \downarrow$$

这是使硫代硫酸钠溶液浓度降低的主要原因(浓度较低的溶液特别适于细菌的生长)。可在硫代硫酸钠溶液中加入少量的碘化汞(约 10mg/L)杀菌或在每升溶液中加入 0.1g 碳酸钠以抑制微生物的繁殖(pH 在 9～10 之间,不仅可消除 CO_2 及 Cu^{2+} 的影响,此时微生物的活力也较低)。

4)日光也能促使硫代硫酸钠分解。

(4)重铬酸钾和碘化钾的反应速度较慢,为了加快反应速度,溶液要保持一定的酸度及适量的碘化钾,酸度不能太高,不然 I^- 在空气中易被氧化成碘而造成误差,一般浓度以 0.4mol/L 左右为宜。加入过量的碘化钾,不仅是为了增大 I^- 的浓度以加速反应,同时还能使游离碘溶解,避免由于碘的挥发而引起的误差。为了避免见光产生副反应,而且使反应有足够的时间进行完全,要将锥形瓶在暗处放置 5min。调整溶液酸度时多用盐酸,使三氯化铬稀溶液呈亮绿色,对终点观察有利。

(5)溶液中生成的 Cr^{3+} 浓度大时,溶液呈暗绿色,影响终点的观察,因此在滴定前要用水将溶液稀释,使 Cr^{3+} 的绿色变浅。但稀释必须在反应完成后才能进行。

(6)用硫代硫酸钠滴定时,如终点已过,不能用标准碘溶液回滴,因为过量的硫代硫酸钠在酸性溶液中要分解:

$$S_2O_3^{2-} + 2H^+ = SO_2 \uparrow + S \downarrow + H_2O$$

(7)滴定时用的淀粉指示剂溶液要用新配制的,碘化钾与淀粉生成蓝色的物质,反应很灵敏,溶液中碘的浓度低到 10^{-5} mol/L 时,仍能显蓝色。若淀粉配制后的时间过久,则与碘生成红紫色物质,在硫代硫酸钠滴定碘时,红紫色褪得很慢,得不到明显的终点。为了不使淀粉变质,可在配制时加入少量防腐剂。

(8)淀粉指示剂不能过早加入,必须在绝大部分碘已被还原,溶液显浅黄色时才加淀粉溶液,否则将有较多的碘被淀粉胶粒包住,致使滴定时蓝色褪得很慢,影响终点的判断。

(9)碘易挥发,为了避免碘的挥发,并避免淀粉指示剂的灵敏度随温度升高而降低,滴定时应在较低室温(<25℃)下进行。另外,为了减少碘的挥发,滴定开始时,不要剧烈摇动溶液,只要适当使溶液旋转混合均匀即可,而在终点时则必须用力摇动。

（10）滴定结束后，溶液经过 5～10min 又会重显蓝色，这是空气中的氧将碘化钾氧化成碘所致。若溶液很快变蓝，则说明 $Cr_2O_7^{2-}$ 和 I^- 的反应尚未完全，可能是酸度不够或放置时间不够或过早地稀释所致。

实训三 火药中总挥发分含量的测定

一、试 验 目 的

火药在枪膛中燃烧时,基本上是在没有空气中的氧助燃的情况下进行的,因此含氧很少的醇醚溶剂和一般情况下不能燃烧的水分存在于火药中,它们不但不能提供能量,反而会影响燃烧时的化学平衡而使其能量减小,从而降低了发射弹丸时的初速和膛压。另外,火药中存在少量溶剂,可以保证火药的结构稳定,并保持一定的机械强度和密度,对火药的安定性有一定好处。存在的适量水分,可使火药在保存期间水分含量不致变化过大,以保持其弹道性能的相对稳定。

挥发分含量是单基火药成品交验的主要指标之一,为了掌握制品的挥发分情况,保证成品合乎技术条件的要求,除包装后的成品需分析内、外挥发分外,在预烘、烘干、吸潮后也要分别取样分析外挥发分;浸水、烘干后分别取样分析内挥发分。

二、相关理论和技能

(一)测定原理

滴析——烘箱法:将试样用溶剂溶解,以水或乙醇水溶液使硝化棉等析出,除去溶剂,以其失去的质量计算总挥发分的含量。

(二)适用范围

本方法只用于单基药中总挥发分含量的测定。

(三)火药中的挥发分

单基火药中,易挥发的组分主要是水分、乙醇和乙醚等溶剂。此外,二苯胺和樟脑等也具有一定的挥发性。

单基药中一般含有 1.0%～1.8% 的水分。单基药具有一定程度的吸湿性,其吸湿量与环境的相对湿度密切相关,在相对湿度为 100% 的大气中,吸湿量可达 2.0%～2.5%。

严重吸湿的火药,会使其点火困难,燃速减慢,从而使膛压、初速降低,射程缩短。反之,若火药在高温、干燥的环境下贮存,则会使其中的水分含量减少,最终导致燃速加快,膛压、初速增加和射程延长。因此,适量水分的存在,可使火药保持其弹道性能的相对稳定。

火药中还含有很少的醇醚溶剂,少量溶剂的存在,可保证火药的结构稳定,保持一定的机械强度和密度。同时乙醇能吸收部分氧化氮气体,为火药的安定性带来一定好处。

火药中所含的水分、挥发性溶剂及其他挥发性成分称为挥发分。单基药的挥发分分为外挥发分(简称外挥,又称表挥)、内挥发分(简称内挥)和总挥发分(简称总挥)。

(1)外挥发分是指没有破坏的火药在一定温度下加热一定时间后所挥发出来的组分。这些可挥发的组分存在于火药的表面,容易从火药中驱除出来。其中主要是水分,也包含少量溶剂、二苯胺和樟脑。

(2)内挥发分是指火药在破坏后所挥发出来的组分。这部分挥发分存在于火药结构的内部,因而不易被驱除出来。内挥发分主要是溶剂,也包含少量的二苯胺、樟脑等。

(3)总挥发分是外挥发分和内挥发分的总和。

本书仅介绍总挥发分含量的测定方法。

三、实训设备和材料

(一)试样准备

(1)燃烧层厚度小于 0.7mm 的粒状及片状药不处理。

(2)燃烧层厚度不小于 0.7mm 的粒状、带状及管状药剪切成小于 5mm 的小块。用粉碎机处理时,应过 5mm 和 2mm 双层筛,取 2mm 筛的筛上物。

(3)管状药至少取 8 根,其他至少 20 粒,粉碎机处理时,至少要取 30 粒。

(二)试剂配制

(1)乙醇:《工业酒精》(GB/T 394.1—2008),工业酒精经蒸馏。

体积比(乙醇：水)为 2:1 的溶液配制方法为 1 000mL 乙醇与 500mL 蒸馏水混合。

(2)丙酮:《化学试剂 丙酮》(GB/T 686—2016)。

(3)乙醚:《化学试剂 乙醚》(GB/T 12591—2002)。

(三)仪器、设备和试验装置

专用烧杯(带有磨玻璃盖及玻璃棒),如图 3-1 所示。

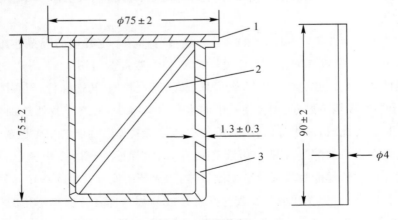

图 3-1 专用烧杯

1—磨玻璃盖;2—玻璃棒;3—磨口杯

四、实 训 步 骤

(一)测定方法

1. 溶解

使用分析天平称取 2g 试样,精确至 0.000 2g,称量时,可先测定并记录表面皿的质量,加入试样后,记录试样和容器的质量并计算试样质量。放入已恒量的专用烧杯,此烧杯应清洁、干燥(烧杯内应带盖并附有玻璃棒),加入 50mL 丙酮,盖上磨口玻璃盖,在室温或 40℃下溶解(丙酮沸点低,易挥发,为防止溶液过快挥发,需要将试剂在 40℃以下放置),并经常用玻璃棒搅拌,以加快其溶解速度,直至试样被完全溶解为止。

2. 滴析

试样全部溶解成均匀的胶状溶液后(如试样不完全溶解会使测定数据偏低,造成试验失效),在搅拌的同时用滴定管滴加 50mL 的 2:1(体积比)乙醇水溶液。开始时逐滴缓慢加入,迅速、充分地进行搅拌,前一滴滴入时析出的硝化棉搅拌均匀后再滴入下一滴,防止沉淀的硝化棉结片或结块,致使其中包含的溶剂在以后的蒸发、干燥操作中不能很好地被驱除。当乙醇水溶液滴入烧杯中不再有硝化棉析出,溶液不再产生浑浊时,说明被溶解的硝化棉的量已经很少,可将滴定管中剩余的乙醇水溶液注入烧杯,同时应迅速搅拌,使硝化棉迅速析出。为减轻劳动强度,允许采用磁力搅拌器搅拌。在滴析和搅拌过程中,烧杯壁上可能黏附少许试剂,即硝化棉形成的薄膜,应及时用杯内溶液将其洗下并溶解。

3. 蒸发

滴析后,将烧杯放入 40～50℃水浴内蒸发,蒸发时要经常搅拌。防止由于不能充分搅拌,溶剂不易挥发,造成局部形成胶块(开始采用较低蒸发温度,是因为丙酮沸点低,温度过高,丙酮剧烈挥发,操作不易掌握,硝化棉容易结块,并有可能使溶液和硝化棉溅出)。当烧杯内溶液剩余约 40mL 时,在 75～85℃下蒸发,此时也要经常搅拌,防止由于受热不均匀,局部温度过高而发生迸溅。搅拌过程中,黏附在烧杯壁上的硝化棉粉或膜要即时擦洗入溶液中,直至试样成为疏松状粉末。

4. 烘干

蒸干后,将烧杯放入 95～100℃烘箱中干燥 6h(烘箱内温度计的水银球应与烧杯中试样位于同一水平面,以准确测量烧杯的真实温度),干燥过程中,实验人员不得离开烘干室,发生危险迅速切断电源,并逐级上报。烘干后,取出放入干燥器内冷却至室温后称量(每次称量时要迅速,才能很快达到恒量,否则加热次数过多,硝化棉逐渐分解而减轻质量,造成挥发分含量偏高的假象),在该温度下再干燥 1h,冷却称量(防止称量时热的物体引起天平内空气对流造成误差),直至连续两次称量差不大于 0.002g 即为恒重。

(二)结果计算和表述

试样中总挥发分的质量分数按下式计算:

$$\omega = \frac{m_1 - m_2}{m} \times 100\%$$

式中　ω　——试样中总挥发分的质量分数,%;

　　　m_1——试样和烧杯的质量,g;

　　　m_2——干燥后的粉末和烧杯的质量,g;

　　　m　——试样的质量,g。

　　每份试样平行测定两个结果,平行结果的差值应符合表3-1的要求,取其平均值,试验结果应取小数点后两位数。

表 3-1　平行结果的差值

燃烧层厚度/mm	平行结果的差值/(%)
<0.7	≤0.3
0.7~1.0	≤0.4
>1.0	≤0.5

实训四 火药中二苯胺含量的测定——溴化法

一、试 验 目 的

二苯胺在单基火药中是一种安定剂,它易吸收单基药在贮存期间缓慢进行自行分解所放出的氧化氮,并结合生成一系列二苯胺衍生物。这就可以避免二氧化氮促使单基药加速分解的自动催化作用,使分解速度相对变慢,延长单基药贮存时间。由此可知,如果能定期检测单基药中的二苯胺的含量,就可掌握单基药的质量状况,从而指导我们对弹药进行正确的管理、使用和贮存。

测定二苯胺含量的方法较多,有溴化法、分光光度法、气相色谱法和液相色谱法等。其中,溴化法是军内长期使用的较成熟的方法,气相色谱法较为快速,现介绍溴化法。

二、相关理论和技能

(一)测定原理

将试样用氢氧化钠溶液进行皂化、蒸馏,使二苯胺与水蒸气一起蒸出。在蒸干乙醚后,加入溴酸钾-溴化钾溶液,该溶液在酸性溶液中游离出溴,使溴与二苯胺作用生成四溴二苯胺。剩余的溴与碘化钾作用游离出碘,最后用硫代硫酸钠溶液滴定以确定溴的消耗量,由此可计算出火药中二苯胺的含量。其反应方程式为

$$5KBr + KBrO_3 + 6HCl \longrightarrow 6KCl + 3H_2O + 3Br_2$$
$$(C_6H_5)_2NH + 4Br_2 \longrightarrow (C_6H_3Br_2)_2NH + 4HBr$$

二苯胺在溴化时变成四溴二苯胺,往溶液中加入碘化钾,则剩余的溴与碘化钾作用,放出游离的碘,反应式为

$$2KI + Br_2 \longrightarrow 2KBr + I_2 \downarrow$$

用硫代硫酸钠滴定游离出来的碘,其反应式为

$$I_2 + 2Na_2S_2O_3 \longrightarrow 2NaI + Na_2S_4O_6$$

因此,已知剩余溴量,就可以计算出二苯胺的含量。

(二)适用范围

本法适用于单基药中的二苯胺含量的测定,不适用于同时含有中定剂或其他可溴化物的单基药。

(三)火药中的二苯胺

二苯胺分子式为$(C_6H_5O)_2NH$,相对分子质量为169.23,20℃时密度为1.160g/cm³,熔点为52.9℃,沸点为302℃。纯净的二苯胺是白色晶体,长期存放也不会变色。

二苯胺难溶于水,在25℃水中的溶解度为0.3%,易溶于乙醇、乙醚、苯、氯仿、醋酸等有机溶剂中。二苯胺是一种芳香族仲胺,具有弱碱性,能溶解于浓硫酸等一类强无机酸中,与亚硝酸作用能发生亚基反应,生成黄色的N-亚硝基二苯胺,在分析上利用这一原理来测定二苯胺的纯度。

二苯胺邻位和对位上的氢原子很活泼,易被卤族元素置换,这个性质被用来作为溴化法测

定单基火药中的二苯胺含量。含有二苯胺的火药,在二苯胺被硝酸或其他氧化剂氧化时,其颜色会逐渐发生变化,由黄色变为褐色(或绿色),最后变成深蓝色(或黑色)。

这种颜色的变化,对了解火药分解变化情况有重要意义。

在单基药中,用二苯胺作为安定剂,少量加入就可以减缓火药的分解速度,提高化学安定性,延长贮存期限。其作用机理为:二苯胺的碱性极其微弱,常温下不会使硝化棉皂化,如图4-1所示。另外,它可以吸收火药在缓慢自行分解中产生的二氧化氮气体,减弱自动催化作用,因而可以显著延长单基药的贮存寿命。

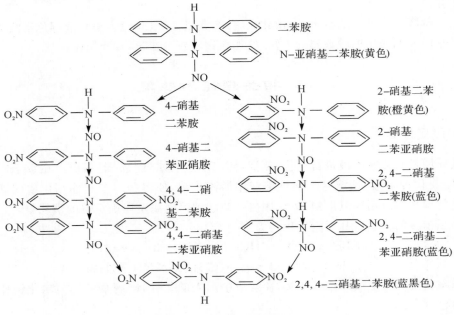

图 4-1　二苯胺作用机理

由反应机理可以看出,火药中的二苯胺首先与分解的氧化氮作用,生成 N -亚硝基二苯胺(它也是一种良好的安定剂)。亚硝基二苯胺与硝酸(由 NO_2 与水作用生成)作用,使二苯胺上的亚硝基氧化并移至氨基的对位或邻位而生成硝基二苯胺。硝基二苯胺进一步与氧化氮和硝酸作用,生成二硝基二苯胺。二硝基二苯胺还可以进一步变成三硝基二苯胺。三硝基二苯胺只有在加热的情况下才能产生,在通常的贮存条件下,产生三硝基二苯胺的可能性很小。当火药中出现二硝基二苯胺时,就是火药开始加速分解的前兆,说明二苯胺的安定作用已经完结,或者说火药的化学安定性很差了。有人曾用单基药做过如下试验:一个试样不含二苯胺,另一个试样含 1% 的二苯胺,同在 40℃ 下加热,测定其减量与加热时间的关系。含二苯胺 1% 的试样在加热 16.5 年后,还没有加速分解,而未含二苯胺的试样只加热 1 年就开始加速分解了。由此说明,二苯胺在单基药中的安定性作用是显而易见的。

二苯胺既然能大大提高单基药的化学安定性,那么,能否毫无限度地添加二苯胺呢?不行。试验证明,二苯胺的加入量太多,只会适得其反。这是由于二苯胺呈弱碱性,且具有还原作用,含量多时,会使硝化棉发生皂化作用,而导致其安定性下降,所以在火药中二苯胺的加入量不宜过多,一般采用 1.0%～2.0%(质量分数),且多控制在中限偏下范围。

还应指出,安定剂只能基本排除火药的自动催化作用,但不能阻止火药分解和热解的发生,在尚有二苯胺存在之时,火药的分解速度只是相对缓慢而已,一旦二苯胺降低至一定程度,火药就会立即进入加速分解阶段。因此含有二苯胺的火药,其贮存期还是有限的。如果贮存条件不良,火药分解速度就会加快,二苯胺的消耗速度也随之增快,其贮存期就会相应缩短。因此,火药中虽加有二苯胺,仍应注意控制贮存条件,并定期进行检验,采取各种有效措施,改善贮存环境,以尽可能减缓二苯胺的消耗速度,这样就可延长火药的贮存期限。

由以上分析可以看出,如果能定期检测单基药中的二苯胺含量,就可以掌握单基药的质量状况,从而指导我们对弹药进行正确的管理、使用和贮存。

三、实训设备和材料

(一)试样准备

单基火药的样品,应放在具有严密的磨口、洁净干燥的深色瓶中保管,以防止易挥发组分的损失或吸收空气中的水分,同时要避免阳光直射,较长的管状药可放在内衬白布的防潮袋子中束紧袋口存放。室内外温差大时,样品应在实验室内放置一定时间,使样品温度和室温平衡,然后再根据不同分析项目的要求正确准备试样。

(1)燃烧层厚度小于 0.7mm 的粒状药及片状药不用粉碎。

(2)燃烧层厚度不小于 0.7mm 的粒状药,用钳子夹碎或用铡刀切成小于 5mm 的小块。粉碎时至少取 20 粒。

(3)带状药剪或切成 5mm 的小块。

(4)管状药每根用木槌轻轻击成数瓣,取其中一瓣,用钳子或铡刀粉碎成约 5mm 的小块。

(二)试剂配制

(1)氢氧化钠:《化学试剂　氢氧化钠》(GB/T 629—1997),化学纯;质量分数为 10% 的溶液(溶液必须澄清,且无悬浮物和杂质);配制方法为将 500g 氢氧化钠溶入 4 500mL 蒸馏水中。

(2)醇醚混合溶剂:分析纯,体积比(乙醇:乙醚)为 4:1,配制方法为 2 000mL 乙醇与 500mL 乙醚混合;乙醚:《化学试剂　乙醚》(GB/T 12591—2002),化学纯或分析纯,其过氧化物应经检查合格;乙醇:《化学试剂　乙醇》(GB/T 679—2002),分析纯或精馏酒精。

(3)盐酸:《化学试剂　盐酸》(GB/T 622—2006),化学纯,体积比(盐酸:蒸馏水)为 1:1,配制方法为 500mL 盐酸与 500mL 蒸馏水混合。

(4)碘化钾《化学试剂　碘化钾》(GB/T 1272—2007),分析纯;质量分数为 15% 的溶液;配制方法为 150g 碘化钾溶入 850mL 蒸馏水中。

(5)溴酸钾-溴化钾溶液:$c_{(1/6KBrO_3)} = 0.2$ mol/L 的溶液,配制方法为 25g 溴化钾和 5.6g 溴酸钾溶入 1 000mL 蒸馏水中;

溴酸钾:《化学试剂　溴酸钾》(GB/T 650—2015),分析纯或化学纯;

溴化钾:《化学试剂　溴化钾》(GB/T 649—1999),分析纯或化学纯。

(6)硫代硫酸钠:《化学试剂　五水合硫代硫酸钠(硫代硫酸钠)》(GB/T 637—2006),分析纯,$c_{(Na_2S_2O_3)} = 0.1$ mol/L 的标准溶液。

(7)可溶性淀粉:《环境空气质量标准》(GB 3095—2012),质量分数为 0.5%,配制方法为将 1 000mL 蒸馏水加热至沸腾,5g 淀粉用少量蒸馏水调成糊状,溶入蒸馏水中。

(三)仪器、设备和试验装置

(1)具塞锥形瓶:300~500mL;

(2)烧瓶:250mL;

(3)直形冷凝器:长为 450~600mm;

(4)滴定管(褐色):50mL;

(5)滴管或移液管:25mL;

(6)量筒:5 mL,10 mL,50 mL,100mL;

(7)安全球;

(8)可调电炉;

(9)水浴;

(10)温度计:0~100℃,分度值为 1℃;

(11)钟表。

四、实 训 步 骤

(一)测定方法

1. 皂化蒸馏

称取 3g 试样,称准至 0.001g,倒入 250mL 烧瓶内,加入 100mL 质量分数为 10% 的氢氧化钠溶液。用两端带有胶塞的安全球将烧瓶和直形冷凝器连接。注意:在皂化过程中,要经常检查仪器各连接部分是否严密,防止漏气。直形冷凝器的下端套上 500mL 锥形瓶,可在锥形瓶口部盖上橡皮板,防止尘埃等杂质等落入,也可防止夏季冷凝器外套凝集的水滴掉入锥形瓶中。锥形瓶内盛有 40mL 醇醚混合溶液(乙醇与乙醚体积比为 4:1,见图 4-2)。

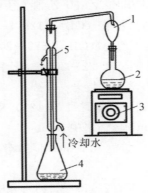

图 4-2 二苯胺测定装置图

1—安全球;2—烧瓶;3—电炉;4—直形冷凝器;5—锥形瓶

接通冷却水,在电炉上加热皂化,开始皂化时适当调低温度,所有试样破坏后再升高炉温,注意:当碱液内产生小气泡将要激烈反应时,切断电源,以免分解反应激烈而将碱雾带入锥形瓶中,待反应过后(2~3 min),再通电继续加热,使试样中的二苯胺随水蒸气一起蒸出,并流入锥形瓶内。当烧瓶内溶液剩余 20~30mL 时,停止加热,冷却后拆卸仪器,用 20mL 醇醚混合溶剂分 3 次洗涤安全球和冷凝器,洗除上面可能黏附的二苯胺,将洗涤液收入同一锥形瓶内摇混均匀。当室温过低时,锥形瓶内溶液有分层现象(溶液表面有油珠出现),经摇混仍然存在该现象时,应先将此锥形瓶在不高于 55℃ 的水浴中加热,以驱除乙醚,消除分层现象。

2. 滴定

在摇匀锥形瓶内溶液后,准确加入 25mL KBrO₃ - KBr(溴液)溶液,在(20±3)℃下恒温 10~15min,然后加入 10mL 的盐酸(盐酸与蒸馏水的体积比为 1:1),立即塞上瓶塞(防止溴挥发损失),摇晃 30s,使溴与二苯胺充分反应生成四溴二苯胺。立即加入 10mL 碘化钾溶液,摇匀使剩余的溴与碘化钾作用而将碘游离出来。中间停留时间过长,会使消耗副反应的溴增多而使结果偏低。然后,用硫代硫酸钠溶液迅速滴定游离的碘,开始滴定时要快滴慢摇,防止溴、碘的挥发,接近终点时,加入 2~3mL 淀粉指示剂,此时要慢滴快摇,继续滴至蓝色消失为止。记下消耗的硫代硫酸钠溶液的体积。

3. 空白试验

在相同条件下,取 60mL 醇醚混合溶液(乙醇与乙醚的体积比为 4:1)和 80mL 蒸馏水于锥形瓶中,加 25mL 溴酸钾-溴化钾溶液,在(20±3)℃下恒温 10~15min,然后加入 10mL 的盐酸(盐酸与蒸馏水的体积比为 1:1),立即塞上瓶塞,摇晃 30s。立即加入 10mL 碘化钾溶液,摇匀使溴与碘化钾作用而将碘游离出来。然后用硫代硫酸钠溶液迅速滴定游离的碘,接近终点时,加入 2~3mL 淀粉指示剂,继续滴至蓝色消失为止。记下消耗的硫代硫酸钠溶液的体积。两个空白试验结果的允许误差不得超过 0.5mL。

(二)结果计算和表述

试样中二苯胺的质量分数按下式计算:

$$\omega = \frac{(V - V_1)c_B \times 0.021\ 15}{G} \times 100\%$$

式中
ω ——试样中二苯胺的质量分数,%;

V ——空白试验时所消耗的硫代硫酸钠溶液体积,mL;

V_1 ——滴定试样时所消耗的硫代硫酸钠溶液体积,mL;

c_B ——硫代硫酸钠标准溶液的物质的量浓度,mol/L;

0.021 15 ——与 1mL 的 1mol/L 硫代硫酸钠溶液相当的二苯胺的质量,g/mmol;

G ——试样质量,g。

每一个样品做两次平行测定,取其平均值,精确至小数点后两位,允许误差不得超过 0.1%。

(三)注意事项及影响分析

(1)滴定终点的准确与否是测定二苯胺含量的关键,因此,在滴定过程中,要迅速、准确(防止碘、溴挥发)。当接近终点时,要慢滴快摇(但也不能太慢,以免颜色返回,使硫代硫酸钠溶液消耗过量),以达到测定准确的目的。

(2)为确保试验质量,测定过程中,应严格按照试验步骤进行。一个试样的平行试验,在操作上应完全一致,以减少误差。在皂化过程中,要经常检查仪器各连接处是否确实封闭。

(3)滴管在使用前,应用硫代硫酸钠溶液洗涤2~3次。标准溶液在使用前,必须经过摇晃才能使用。

(4)玻璃仪器的活塞部分,均应涂凡士林或活塞油。

(5)测定二苯胺含量较低的火药时试样量可多些,但不超过5g。二苯胺含量较高时,试样量取2.5g左右即可。

(6)所用乙醚应不含过氧化物,否则会显著影响结果。因过氧化物能氧化碘离子,多消耗硫代硫酸钠溶液,使结果偏低,所以,每更换一批乙醚时应按下述方法检查过氧化物的含量是否合格。

取100mL乙醚注入锥形瓶,在50~55℃水浴上蒸发至剩2~3mL后,加入50mL乙醇,然后按空白试验的试验步骤测定所消耗的硫代硫酸钠溶液体积,若该体积与空白试验所消耗的硫代硫酸钠溶液体积之差,小于或等于0.5mL,则该批乙醚合格。若用市购瓶装乙醚(二级品),则应逐瓶检查合格后方能使用。

(7)所用试剂中不能含有铁盐、铜盐、亚硫酸盐、亚砷酸盐、碘酸盐、游离氯和二氧化碳等,否则将影响结果。

(8)碘量法误差的另一来源,是空气中的氧气能氧化碘离子,使试样多消耗硫代硫酸钠溶液,以致结果偏低,故在加入碘化钾溶液摇混后应迅速滴定。

(9)溶液在加盐酸酸化后,停留时间对结果影响很大。因为停留时间愈久,与乙醇作用而消耗的溴愈多,而这些溴又不能被滴定出来,使试验得出不正确的结果,其反应如下:

$$CH_3CH_2OH + Br_2 \longrightarrow CH_3CHO + 2HBr$$

进一步作用:

$$CH_3CHO + Br_2 \longrightarrow CH_2BrCHO + HBr$$

直至生成CBr_3CHO,故在加入盐酸用力摇晃30s后,应立即加入碘化钾溶液,摇混后迅速滴定。

(10)滴定时淀粉指示剂不宜加入过早,如果加入过早,会造成结果偏高的假象,因为有大量的碘存在,这些碘就会和淀粉作用生成碘淀粉,而结合的碘就不能与硫代硫酸钠作用。因此,淀粉的加入时机以接近终点为宜。

(11)加入溴液、盐酸、碘化钾、淀粉的次序不能颠倒。若先加碘化钾后加盐酸,则会得出与空白试验相似的结果。若先加盐酸后加溴液,虽能测出结果,但由于不好掌握溴化时间,试验结果的波动较大。

(12)条件稳定时空白试验可每天进行一次,但更换标准溶液时,必须做空白试验。

(13)硫代硫酸钠对游离碘来说是还原剂,其反应式为

$$I_2 + 2Na_2S_2O_3 \longrightarrow 2NaI + Na_2S_4O_6$$

由反应式可以看出一个碘分子从两个硫代硫酸钠分子中得到电子,即一个硫代硫酸钠分子失去一个电子,故硫代硫酸钠的摩尔质量在数值上同其相对分子质量相等。

从结构式

$$2\left[\begin{matrix} O \\ \| \\ O = S - ONa \\ \| \\ O \\ SNa \end{matrix}\right] + I_2 = 2NaI + \begin{matrix} O & ONa \\ \| & / \\ S \\ \| \\ O & S \\ \| \\ O & S \\ \| \\ O & ONa \end{matrix}$$

也可看出：在硫代硫酸钠分子中，一个硫是负二价的，一个硫是正六价的，在碘与两个硫代硫酸钠分子反应时，是两个负二价的硫将两个电子给了两个碘原子，而形成两个碘离子和四硫磺酸钠，四硫磺酸钠则相当于过硫酸钠中两个过氧原子团的两个负一价的氧原子被负一价的硫原子代替后的结果。由以下反应式：

$$(C_6H_5)_2NH + 4Br_2 \longrightarrow (C_6H_3Br_2)_2NH + 4HBr$$

可见 1 个二苯胺分子溴化以后，消耗的 8 个溴原子相当于 8 个碘原子，或相当于 8 个硫代硫酸钠分子，故 21.15g(169.22g/8)二苯胺相当于 248.2g 硫代硫酸钠，即 1mL 的 1mol/L 硫代硫酸钠溶液相当于二苯胺的质量为 0.021 15g/mmol 或21.15g/mol。

实训五 火药中二苯胺含量的测定——气相色谱法

一、试 验 目 的

在单基药中，用二苯胺作安定剂，少量加入就可减缓火药的分解速度，提高化学安定性，延长贮存期限。其作用机理：二苯胺的碱性极其微弱，常温下不会使硝化棉皂化，然而，它却可以吸收火药在缓慢自行分解中产生的一氧化氮气体，减轻自动微化作用，从而显著延长单基药的贮存寿命。如果定期检测单基药中的二苯胺含量，就可以掌握单基药的质量状况，从而指导我们对弹药进行正确的管理、使用和贮存。

二、相关理论和技能

（一）测定原理

将试样置于丙酮-石油醚混合液中浸取，定量吸取浸取液，用气相色谱法进行分离测定，采用单基标准药作外标标定，测得该单基火药中二苯胺的含量。

（二）适用范围

本法适用于单基药中的二苯胺含量测定。

三、实训设备和材料

（一）试样准备

1. 试样的选取

为保持试样的原保管状态，选取的单基火药样品从药筒取出后，应迅速装入密封容器或用纸包好装入铝塑袋中密封。

为使样品具有足够的代表性，选样数量规定为：管状药 5 根以上，14/7 型以下粒状药20 粒以上。

2. 试样粉碎

燃烧层厚度不大于 0.5mm 的药粒取整粒，大于 0.5mm 的粒状、管状药粉碎成 2～3mm 的小块，过 3mm 和 2mm 的双层筛，取 2mm 筛的筛上物。

（二）仪器、设备

（1）气相色谱仪：SP－3420A 型或其他等效型号气相色谱仪；

（2）数据处理仪：火药分析气相色谱工作站；

（3）交流稳压电源：≥3kW，220V，50Hz；

（4）氢气钢瓶或氢气发生器；

（5）氮气钢瓶；

（6）微量注射器：10μL；

(7)真空泵或水流唧筒;

(8)分析天平:感量为 0.001g;

(9)电热干燥箱;

(10)秒表:精度为 0.1s;

(11)蒸发皿;

(12)移液管:15mL 或定量加液管;

(13)具塞三角瓶:50mL。

(三)试剂、材料

(1)担体:101 硅烷化白色担体[152～251μm(60～80 目)],或 102 硅烷化白色担体[152～251μm(60～80 目)],或铬姆沙柏 W[152～251μm(60～80 目)];

(2)固定液:Silcone polymer SE－30 或 Silcone gun rubber SE－52;

(3)丙酮:分析纯,《化学试剂 丙酮》(GB/T 686－2016);

(4)石油醚:分析纯,HG3－1003－76,沸程为 60～90℃;

(5)乙醚:分析纯,《化学试剂 乙醚》(GB/T 12591－2002);

(6)无水乙醇:分析纯,《化学试剂 乙醇》(GB/T 679－2002);

(7)9/7 单基标准药;

(8)氢气:高纯氢;

(9)氮气:纯氮;

(10)不锈钢管:内径为 2mm;

(11)输气管;

(12)硅橡胶垫;

(13)铜垫或石墨垫;

(14)玻璃棉。

(四)色谱分离条件

(1)载气:氢气,流速为 80～100mL/min;

(2)气化室温度:250℃;

(3)柱箱温度:170～190℃;

(4)热丝温度:220～250℃(或桥电流为 180～200mA);

(5)色谱分离柱:内径为 2mm,长为 500mm。

(五)色谱柱制备

1. 固定相的涂渍

按下列组分质量比例,任选一种配制固定相:

W 担体:SE 52＝100:15;

102 硅烷化白色担体:SE 30＝100:15;

101 硅烷化白色担体:SE 30＝100:20。

称量出稍多于色谱柱容积的担体,再按比例称量出固定液。将固定液放在蒸发皿中,加入体积稍大于担体体积的乙醚,搅拌使固定液全部溶解,将担体迅速倒入溶解后的固定液溶液内,并轻轻搅拌使其涂渍均匀。然后,把蒸发皿放在通风处使乙醚挥发(为加速挥发可随时轻轻搅动)。待挥发至无乙醚气味后,将其放在90℃烘箱内烘4～6h,冷却后即可装柱。

2. 色谱柱的装填

把干净的空色谱柱(不锈钢管)一端用玻璃棉堵住,做好标记,接在真空泵或水流唧筒上,在减压的状态下将配好的固定相由另一端缓缓注入,并不停地轻轻敲打,装完后用玻璃棉堵好备用。

3. 色谱柱的老化

将装填好的色谱柱绕成适当形状(如有绕好的可直接应用),装入色谱仪柱箱内,色谱柱未做标记的一端接气化室,另一端放空。通氮气(流速为15～20mL/min),在200～210℃柱温下老化10h,然后再把色谱柱与检测器相连,接通氢气,再按上述方法进行老化,直到基线走平为止。

(六)气相色谱仪的调试

(1)气相色谱仪安装在无震动的工作台上,并必须可靠接地。在接通电源前应检查仪器之间连接是否正确,电源电压是否符合要求。若电源波动超过5%,必须加交流稳压器。

(2)氢气瓶应按好减压阀,严禁出口对着人,载气连接管路不应漏气,尾气应排放室外,以保证安全和减少污染。

(3)仪器启动的顺序为:打开气源,调节载气流量,接通仪器电源。

(4)按色谱仪使用说明书规定的程序调试仪器,基线平稳后即可进行测试。

(5)无氢气瓶时可用氢气发生器代替。使用氢气发生器时,要经常注意电解水的补充、电解电源断电与否。

四、实训步骤

(一)测定方法

1. 浸泡

称取粉碎好的试样1.5～2g(称准至0.001g),置于干净的50mL具塞三角瓶中,用移液管或定量加液管加入15 mL丙酮-石油醚混合液(体积比为4:6);浸泡2.5～4h后(14/7型药需要4 h,其余为2.5 h),即可进行测定。

2. 标准溶液制备

用标准火药配制外标溶液:取9/7单基标准药按上述方法制备标准溶液。

3. 标定

待仪器工作正常、基线平直后,用微量注射器取标准溶液4μL,注入色谱仪,测量二苯胺峰高。重复测定3次,其峰高之差不大于5%。

4. 试样测定

标定合格后,用微量注射器取试样浸取液4μL,注入色谱仪,测量二苯胺峰高,每一浸取液进行2～3次测定,其峰高之差不大于5%。测定2～3个试样后,必须重新标定。

(二)分析过程

1. 设置分析使用通道

从"选项"对话框中设置项目使用的通道(系统选项对话框使用"文件"菜单中的"选项"命令调出),如图 5-1 所示。

注意:每个项目可以设在任一通道,但是只能有一个通道分析二苯胺或中定剂。

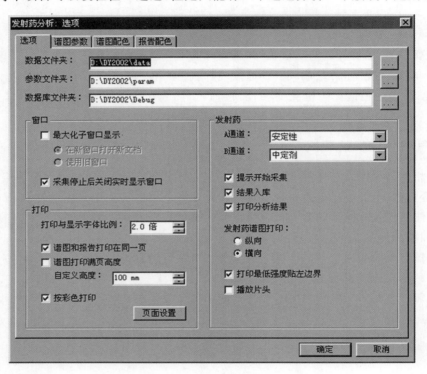

图 5-1　设置分析使用通道

2. 标样标定过程

(1)设置分析参数。从文件菜单中选择"积分和分析参数"命令或从工具条上调用(见图 5-2)。在分析参数编辑框中设置各项目的分析参数(见图 5-3)。

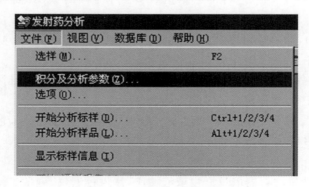

图 5-2　设置分析参数

图 5-3　参数编辑框

（2）二苯胺分析参数设定。二苯胺和中定剂的参数相同（见图 5-4）。分析参数的同一组的内容和安定性相同，"样品 1 重量"和"样品 2 重量"设置两瓶实际的质量。在标样含量参数的位置输入标准样品的百分含量。

分析样品时，每瓶可以选择进样 2 针或 3 针。

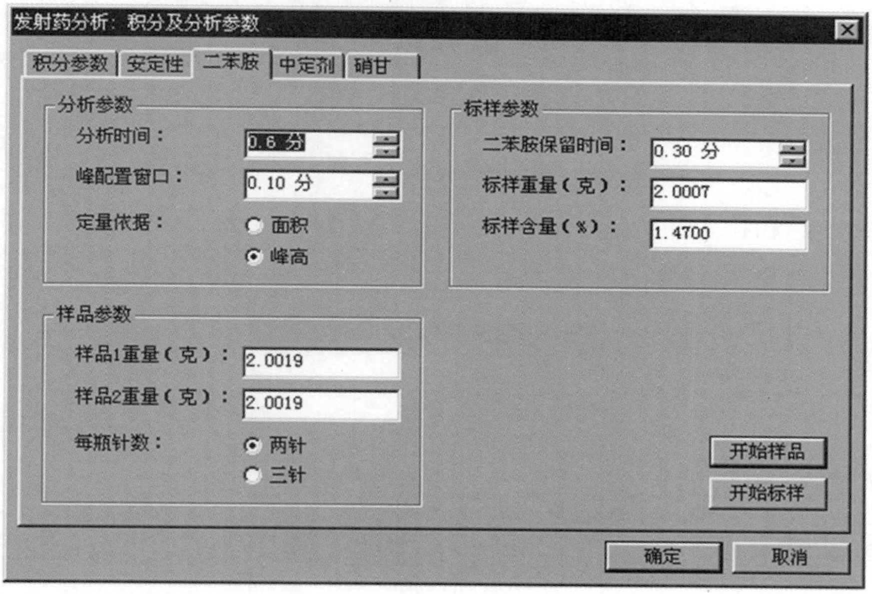

图 5-4　二苯胺分析参数设定

（3）开始标定。可以使用每个项目分析参数中的"开始标样"按钮，或从"文件"菜单选择"开始分析标样"命令。

安定性、二苯胺、中定剂、硝甘对应的开始标样分析快捷键分别为 Ctrl＋1，Ctrl＋2，Ctrl＋3 和 Ctrl＋4。

在开始分析标样对话框中，显示了以前分析标样的结果。按各项目对应的按钮，开始标样的分析。

如果"选项"中设置了"提示开始采集"，系统显示提示开始采集对话框（见图 5-5），进样后按"开始采集"。

图 5-5　开始采集对话框

（4）开始采集。每个样品或标样需要一次开始分析,其中的每一针都需要一次开始采集。如果在"选项"中设定了"提示开始采集",系统自动提示开始采集,也可以根据该项目使用的通道(在"选项"对话框中设置),使用工具条按钮(见图 5-6)或 F9/F10 启动采集。

图 5-6　工具条按钮

采集的时候,在状态栏中显示当前项目分析的进程(项目名称、现在是第几针、标样还是样品,以及采集时间信息),如图 5-7 所示。

图 5-7　当前项目分析的进程

如果打开了分析进程窗口(使用"视图"菜单中的"分析进程窗口"命令,或工具条上的按钮),在进程窗口中会显示项目的进展情况,以及各针的峰高、含量、误差等信息。

（5）一针完成以后,系统自动完成积分、组分鉴别的工作。如果积分错误(没找到谱峰),系统提示是否修改积分参数后重新积分(见图 5-8)。

图 5-8　提示是否修改积分参数后重新积分

如果确定,自动调出积分参数,修改并确定后,系统自动按新参数重新积分,直到找到谱峰或用户选择放弃为止(见图 5-9)。

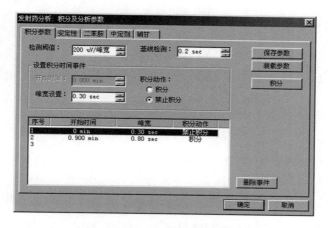

图 5-9　系统调出积分参数

如果积分正确,但是组分鉴别错误,修改相应项目的分析参数中的组分保留时间。如在图 5-10 中,修改"二苯胺保留时间"。

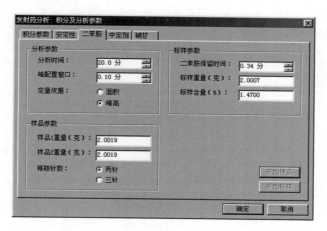

图 5-10　修改相应项目的分析参数中的组分保留时间

(6)如果标样所有的进针完毕,并通过了误差判断,系统自动提示开始分析样品。显示"请选择样品,输入样品重量"消息框,确认后显示"选样、输入重量"对话框(见图 5-11)。

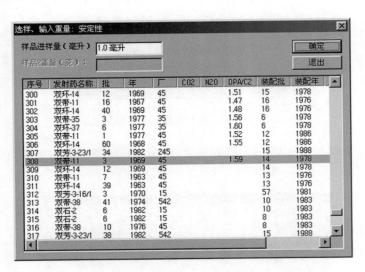

图 5-11 "选样、输入重量"对话框

3. 试样分析过程

(1)选样。从抽样库中选样是为了使分析结果能自动添入目标样品中。

有两种方式选样:一种是每个样品分析完成以后,由系统自动调用的,与下一个样品的选样和质量一起进行(见图 5-11);另一种功能是可以修改抽样库内容(见图 5-12)。

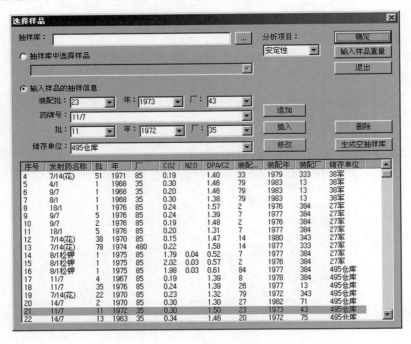

图 5-12 修改抽样库内容

(2)输入质量。在相关项目的分析参数表中输入样品质量(或安定性气体的体积)。当一个样品分析完成以后,即在"选样、输入质量"对话框(见图5-13)中输入。

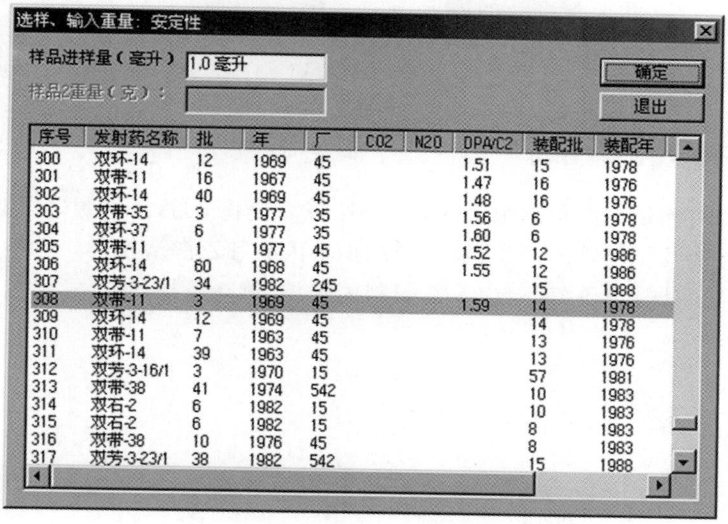

图 5-13　"选样、输入质量"对话框

(3)开始采集。每针结束后的处理过程与标定相同。

(4)样品的所有进针完成,误差判断也通过以后,系统根据"选项"对话框中的设置,自动完成入库和打印结果谱图的工作,然后提示为下一个样品选样,并输入其质量。

(5)快速开始样品分析。安定性、二苯胺、中定剂和硝甘各个项目开始分析的快捷键是Alt+1,Alt+2,Alt+3,Alt+4,或者从工具条上选择。

工具条只能开始样品的分析,不能开始标样分析(见图5-14)。注意:一个样品开始分析以后,开始采集时它所有的进针只需开始A通道或B通道采集,不要再按开始样品分析,否则,该样品就又从第一针开始。

图 5-14　开始标样分析

(三)结果计算和表述

用下式计算二苯胺含量:

$$C_i = \frac{H_i \times W_o}{H_o \times W_i} \times C_o$$

式中　C_i ——被测试样二苯胺含量,%;

　　　C_o ——9/7 单基标准药二苯胺含量,%;

　　　H_i ——被测试样的峰高;

　　　H_o ——9/7 单基标准药的峰高;

W_i——被测试样的质量,g;

W_o——9/7 单基标准药的质量,g。

每份试样配制两瓶浸取液,计算结果精确到 0.01%,两次测定结果差值不超过 0.1%,试样结果取算术平均值。

(四)注意事项及影响分析

(1)柱箱温度对测量峰高影响很大,每差 1℃,峰高变化 3%,故电源电压必须稳定。

(2)注意热导池及尾气管的清洁,应定期用少量丙酮和乙醇清洗。

(3)当发现色谱柱分离不好时,应重新配制固定相,重新装柱。

实训六 火药中中定剂含量的测定——溴化法

一、试验目的

中定剂是双基药、三基药及改性双基推进剂使用的一种安定剂,由于中定剂能消除酸性氧化分解物的产生,阻止硝酸酯的加速分解,从而保证了火药在长期贮存中有较稳定的化学安定性。

通过中定剂含量的测定,可随时掌握中定剂含量的变化情况,从而为确定火药的下次复试期,为火药的长期贮存和质量等级评定提供依据。

目前,中定剂测试方法主要有乙醇提取溴化法、乙醚提取溴化法、气相色谱法、蒸气蒸馏-分光光度法和液相色谱法等。军内长期使用乙醇提取溴化法,近年来又广泛使用丙酮-石油醚浸取的气相色谱法。现介绍溴化法(乙醇提取)。

二、相关理论和技能

(一)测定原理

直接用乙醇溶液浸取中定剂,在盐酸存在下使之溴化,过量的溴与碘化钾作用,再用硫代硫酸钠标准溶液滴定,以所耗标准溶液的体积计算出中定剂含量。其反应方程式为

$$5KBr + KBrO_3 + 6HCl \longrightarrow 6KCl + 3H_2O + 3Br_2$$

中定剂在溴化时变成二溴中定剂,往溶液中加入碘化钾,则剩余的溴与碘化钾作用,放出游离的碘,其反应式为

$$2KI + Br_2 \longrightarrow 2KBr + I_2 \downarrow$$

用硫代硫酸钠滴定游离出来的碘,其反应式为

$$I_2 + 2Na_2S_2O_3 \longrightarrow 2NaI + Na_2S_4O_6$$

(二)适用范围

本法适用于双基药和三基药中中定剂含量的测定。

(三)火药中中定剂

双基药主要用作迫击炮及较大口径火炮的装药。双基药吸湿性较小,物理安定性和内弹道性能稳定,又因为硝化纤维素和硝化甘油的比例可以在一定范围内调整,所以这类火药的能

量能满足多种武器的要求。但是这类火药的燃温较高,对炮膛烧蚀较为严重,且生产也较危险。现在通过工艺条件的控制,已保证了生产的安全。

中定剂是双基药、三基药及改性双基推进剂使用的一种安定剂,常用的有 1 号中定剂(二乙基二苯脲)和 2 号中定剂(二甲基二苯脲),其分子结构式及相对分子质量分别为

相对分子质量为 368.36　　　　　　　相对分子质量为 340.30

1 号中定剂　　　　　　　　　　　　　　2 号中定剂

1 号中定剂是白色固体,密度为 $1.80g/cm^3$,熔点为 79℃;2 号中定剂是白色鳞片状或结晶状固体,密度为 $1.80g/cm^3$,熔点为 120℃。高于熔点时,中定剂易挥发,二者相比,1 号中定剂易随水蒸气挥发,2 号中定剂则难挥发。二者都不溶于水和煤油,而能很好地溶于硝化甘油、乙醇、乙醚、丙酮、二氯甲烷及体积分数大于 60%的醋酸溶液中。2 号中定剂在硝化甘油中的溶解度18℃时为 13.0g;23℃时为 19.4g。中定剂还对硝化纤维素起辅助溶剂的作用,它溶解于硝化甘油时,形成均匀的溶液,对双基药的低氮量硝化纤维素具有胶化能力。因其碱性极弱,对硝化甘油不起皂化作用,是双基药比较理想的安定剂、胶化剂及缓燃剂。我国通常使用 2 号中定剂。

火药中主要组分硝化纤维素和硝化甘油在一般条件下都有自行缓慢分解的性质,放出二氧化氮,遇水生成硝酸和亚硝酸,能加速硝酸酯的分解。中定剂则能与这些分解产物作用,生成以下主要产物:

4-硝基中定剂　　　　4,4'-二硝基中定剂　　　N-亚硝基-N-甲基苯胺

N-亚硝基-4-硝基-N-甲基苯胺　　　　2,4-二硝基-N-甲基苯胺

由于中定剂能消除酸性氧化分解物的产生,就能阻止硝酸酯的加速分解,从而保证了火药在长期贮存中有较稳定的化学安定性。

显而易见,中定剂对于火药的化学安定性起着举足轻重的作用。通过中定剂含量的测定,可随时掌握中定剂含量的变化情况,从而为确定火药的下次复试期,为火药的长期贮存和质量等级评定提供依据。

三、实训设备和材料

(一)试样准备

双基无烟药除小于 2mm 的小药粒及 60mm,82mm 迫击炮用小方片药以外,均需经过粉碎。凡能刨、刮、锉的样品,应尽量粉碎成花片状或锯末状。

提取时间具体如下:

(1)花片状及锯末状试样的提取时间为 1h。

(2)试样燃烧层厚度小于 1.0mm 的片状药,需剪切成宽度不大于 1.5mm、长度不大于 5mm 的小块,提取时间为 2h。

(3)试样燃烧层厚度在 1.0～1.5mm 之间的片状药,需剪切成宽度不大于 1.5mm、长度不大于 5mm 的小块,提取时间为 3h。

(4)试样燃烧层厚度大于 1.5mm 的片状药,先处理成小片,在压片机上压成厚度小于 1.5mm 的薄片,再按(3)的方法处理和提取。

(二)试剂配制

(1)乙醇水溶液(乙醇与蒸馏水的体积比为 4:1):配制方法为 2 000mL 的乙醇(沸点为 78.3℃)溶于 500mL 的蒸馏水中;

乙醇:《化学试剂　乙醇》(GB/T 679—2002),分析纯或精馏酒精。

(2)体积比为 1:1 的盐酸:配制方法为 500mL 的盐酸溶于 500mL 的蒸馏水中;盐酸:《化学试剂　盐酸》(GB 622—1989),化学纯。

(3)碘化钾:《化学试剂　碘化钾》(GB/T 1272—2007)分析纯,质量分数为 15% 溶液,配制方法为将 150g 的碘化钾溶于 850mL 的蒸馏水中。

(4)溴酸钾-溴化钾溶液:$c_{(1/6KBrO_3)} = 0.2mol/L$ 的溶液,配制方法为将 25g 溴化钾和 5.6g 溴酸钾溶于 1 000mL 蒸馏水中;

溴酸钾:《化学试剂　溴酸钾》(GB/T 650—2015),分析纯或化学纯;溴化钾:《化学试剂　溴化钾》(GB/T 649—1999),分析纯或化学纯。

(5)硫代硫酸钠:《化学试剂　五水合硫代硫酸钠(硫代硫酸钠)》(GB/T 637—2006),分析纯,$c_{(Na_2S_2O_3)} = 0.1 mol/L$ 的标准溶液。

(6)可溶淀粉:《环境空气质量标准》(GB 3095—2012),质量分数为 0.5% 溶液;配制方法为 5g 的淀粉指示剂溶于 1 000mL 的蒸馏水中。

(三)仪器、设备和试验装置

(1)T-3 提取器(去掉提取管),各种提取器如图 6-1 所示。

(2)滴定管(褐色):50mL。

(3)滴管或移液管:25 mL。

(4)量筒:5 mL,10mL,50mL。

(5)水浴。

(6)温度计:0~100℃,分度值为1℃。

(7)钟表。

(8)冰箱。

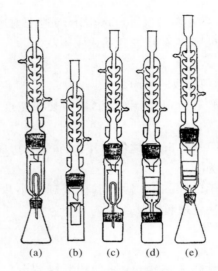

图6-1 各种提取器

(a)T-1型;(b)T-2型;(c)T-3型;(d)T-4型;(e)T-5型

四、实训步骤

(一)测定方法

1. 提取

使用分析天平精确称取3g试样,称准至0.001g,放入提取器的锥形瓶内,加入50mL乙醇水溶液(乙醇与蒸馏水的体积比为4:1),接上冷凝管并接通冷却水。注意:检查连接部分的密闭情况是否完好,冷凝器的冷却水循环是否正常,并进行水封,于(90±5)℃的水浴中回流提取,提取时严格控制水浴温度,防止温度超过规定,使溶剂挥发,并记录起始时间。每隔15min摇晃锥形瓶一次,使溶液充分提取,达到规定提取时间后取出锥形瓶,卸下冷凝管,冷却至室温。

2. 滴定

向装有提取液的锥形瓶中准确加入25mL溴酸钾-溴化钾溶液,将锥形瓶放在10~15℃温度下恒温10~15min。然后加入10mL盐酸,并立即塞紧瓶塞(防止溴挥发损失),摇晃30s,使溴与中定剂充分反应生成二溴中定剂。立刻加入10mL质量分数为15%的碘化钾溶液,轻轻摇晃均匀,使剩余的溴与碘化钾作用而将碘游离出来(中间停留时间不宜过长,否则会使消耗副反应的溴增多而导致结果偏低)。随即用硫代硫酸钠标准溶液快速滴定(滴管在使用前,应用硫代硫酸钠溶液洗涤 2～3 次。标准溶液在使用前,必须经过摇晃才能使用)。开始滴定时要快滴慢摇,防止溴、碘的挥发,接近终点时,当溶液呈现淡黄色时,慢滴快摇(但也不能太慢,以免颜色返回,使硫代硫酸钠溶液消耗过量),滴至淡黄色恰恰消失时为止。

注意:

(1)标准操作中要求加淀粉批示剂指示终点,实际上没有什么作用,因为碘在优良溶液醇水中,碘并不能被淀粉吸附形成蓝色物。只要溶液本身不带色,碘本身的淡黄色即使在极稀的溶液中也很容易辨认,终点的判断并不困难。必要时可向已达终点的溶液中加入 1 滴溴液,以检查终点是否滴过,如果没有滴过,则溶液应立即变为黄色。

(2)准确读取并记录消耗硫代硫酸钠溶液的体积,读准至 0.02mL。

(3)加入溴液、盐酸、碘化钾、淀粉的次序不能颠倒。若先加碘化钾后加盐酸,则会得出与空白试验相似的结果。若先加盐酸后加溴液,虽能测出结果,但由于不好掌握溴化时间,试验结果波动较大。

3. 空白试验

在同样条件下进行空白试验,即取 50mL 乙醇于空锥形瓶中,加入 25mL 溴酸钾-溴化钾溶液,在 10～15℃下保温 10～15min,然后加入 10mL 盐酸,并立即塞紧瓶塞(防止溴挥发损失),摇晃 30s。立刻加入 10mL 质量分数为 15% 的碘化钾溶液,塞紧瓶塞,摇匀使溴与碘化钾作用而将碘游离出来。轻轻摇匀后,迅速用硫代硫酸钠标准溶液快速滴定。开始滴定时要快滴慢摇,防止溴、碘的挥发,接近终点时,当溶液呈现淡黄色时,慢滴快摇,滴至淡黄色恰恰消失时为止。进行两次空白试验,两次空白试验所消耗的硫代硫酸钠溶液的体积之差,不得大于 0.2mL,并取其平均值。

(二)结果计算和表述

用下式计算试样中中定剂的质量分数:

$$W = \frac{(V_o - V) \times c \times E}{G} \times 100\%$$

式中　W ——试样中中定剂的质量分数,%;

　　　V_o ——空白试验所消耗的硫代硫酸钠标准溶液体积,mL;

　　　V ——滴定试样所消耗的硫代硫酸钠标准溶液体积,mL;

　　　c ——硫代硫酸钠标准溶液的浓度,mol/L;

　　　G ——试样质量,g;

　　　E ——与 1.00mL 的 1.000mol/L 硫代硫酸钠溶液相当的,以 g 表示的中定剂的质量,g/mmol。其数值如下:1 号中定剂 0.006 7g;2 号中定剂 0.006 0g。

每一试样做两次平行测定,平行结果的差值不得大于 0.2%,取其平均值,结果应表示至二位小数。

(三)注意事项及影响分析

(1)提取装置应密闭,冷凝效果好。水浴锅内蒸馏水的水位不得低于 1/2,水面应高于烧瓶内的液面,并严格控制水浴温度。

(2)提取过程中,操作人员不得擅自离开。应经常检查冷凝水的循环是否正常,特别注意烧瓶摇晃后的密闭情况。

(3)提取液应冷却后方可滴定。滴定过程中要控制滴定时间,开始时要快滴慢摇,接近终点时要慢滴快摇。加入各种试剂的次序不能颠倒。

(4)条件稳定时,空白试验可每天进行一次,但更换任何一种试剂时,必须做空白试验。

实训七 火药中中定剂含量的测定——气相色谱法

一、试 验 目 的

中定剂是双基药、三基药及改性双基推进剂使用的一种安定剂,由于中定剂能消除酸性氧化分解物的产生,阻止硝酸酯的加速分解,从而保证了火药在长期贮存中有较稳定的化学安定性。

通过中定剂含量的测定,可随时掌握中定剂含量的变化情况,从而为确定火药的下次复试期,为火药的长期贮存和质量等级评定提供依据。

现介绍气相色谱法。

二、相关理论和技能

(一)测定原理

将试样置于丙酮-石油醚混合液中浸取,定量吸取浸取液,用气相色谱法进行分离测定,采用标准中定剂含量色谱峰高值做外标标定,测得该双基火药中中定剂的含量。

(二)适用范围

本法适用于双基药中的中定剂含量测定。

三、实训设备和材料

(一)试样准备

(1)尺寸小于 2mm 的粒状药,可不粉碎,直接浸泡;
(2)片状、环状、带状药粉碎成粒径为 1～2mm 的药粒;
(3)管状药粉碎成刨花状。

(二)仪器、设备

(1)气相色谱仪:SP-3420A 型或其他类型色谱仪;
(2)数据处理装置:火药分析工作站;
(3)交流稳压电源:≥3kW,220V,50Hz;
(4)氢气钢瓶或氢气发生器;
(5)微量注射器:10μL;
(6)真空泵或水流减压器;
(7)分析天平:感量为 0.001g;
(8)电热干燥箱和红外灯泡;
(9)温度计:0～200℃[精度为 0.1℃或 0.2℃分度];
(10)秒表:精度为 0.1s;

(11)蒸发皿;

(12)移液管:15mL 或定量加液管;

(13)具塞三角瓶:50mL;

(14)不锈钢管:内径为 3mm;

(15)硅橡胶垫;

(16)铜垫。

(三)试剂

(1)担体:101 或 102 硅烷化白色担体(60～80 目或 80～100 目),沪 Q/HG22 - 1108 (1106)-71;

(2)固定液:Silcone polymer SE - 30 或 Sileone gun rubber SE - 52;

(3)减尾剂:硬脂酸;

(4)丙酮:分析纯,《化学试剂 丙酮》(GB/T 686－2016);

(5)石油醚:分析纯,HG3 - 1003 - 76,沸程为 60～90℃;

(6)乙醚:《化学试剂 乙醚》(GB/T 12591—2002);

(7)无水乙醇:分析纯,《化学试剂 乙醇》(GB/T 679—2002);

(8)标准药:双片 60 和双芳- 3。

(四)色谱条件

(1)载气:高纯氢气,流速为 200～240mL/min;

(2)柱温:155～160℃;

(3)汽化温度:约 250℃;

(4)电丝温度:220～250℃或桥电流为 180～200mA;

(5)色谱分离柱:直径为 3mm,长为 500mm,不锈钢柱。

(五)色谱柱制备

1. 固定相的涂渍

固定相的配比(质量比)为担体:固定液:减尾剂＝90:9:1。

称取稍大于色谱分离柱容积的担体质量,再按比例称取固定液的质量。将固定液放在蒸发皿中,加入体积稍大于担体体积的乙醚,搅拌使固定液全部溶解,而后将担体迅速倒入蒸发皿内,并轻轻搅动使其涂渍均匀。然后,把蒸发皿放在通风处使乙醚挥发干净(为加速挥发可随时轻轻搅动)。待无乙醚气味后,将其放在 90℃烘箱内烘 4～6h 即可。

2. 色谱柱的装填

把干净的色谱柱一端用两层铜网堵住,在减压振动的情况下,将配好的固定相从另一端缓缓注入,并不停地轻轻敲打,力求均匀、密实、死体积小。装好后也用铜网将其另一端堵好备用。

3. 色谱柱的老化

将装填好的色谱柱绕成适当形状(如有绕好的可直接应用),装入色谱仪柱箱内,使色谱柱出口直接与外界接通,以流速为 15～20mL/min 通载气,在约 200℃柱温下老化 10h,然后再把色谱柱与检测器相连,开启记录仪,再按上述方法进行老化,直到记录仪基线平直为止。

(六)气相色谱仪的调试

(1)气相色谱仪安装在无震动的工作台上,并必须可靠接地。在接通电源前应检查仪器之间连接是否正确,电源电压是否符合要求,若电源波动超过5％时必须加交流稳压器。

(2)氢气瓶应按好减压阀,严禁出口对着人,载气连接管路不应漏气,尾气应排放室外,以保证安全和减少污染。

(3)仪器启动的顺序为:打开气源,调节载气流量,接通仪器电源。

(4)按色谱仪使用说明书规定的程序调试仪器,基线平稳后即可进行测试。

(5)无氢气瓶时可用氢气发生器代替。使用氢气发生器时,要经常注意电解水的补充、电解电源断电与否。

四、实训步骤

(一)测定方法

1. 样品浸泡

称取粉碎好的试样1.5~2g(称准至0.001g),置于干燥、洁净的50mL具塞三角瓶中。用移液管加入15mL丙酮-石油醚浸取液(丙酮与石油醚的体积比为3:7),在加入浸取液后应立即轻轻摇动,以免粘连。浸泡时间不得少于6h。

2. 标准液制备

样品中定剂含量在2.0％以下时用双片60标准药;样品中定剂含量在2.0％以上时用双芳-3标准药。用样品浸泡法把标准药配制成近似样品浓度的外标溶液。

3. 标定

待仪器工作正常及基线平直后,用微量注射器取标准液3~4μL,从进样器处将标准液注入色谱仪,在记录仪绘出色谱图后,测量色谱峰高。连续进行2~3次操作,若其峰高之差不大于5％,即判标定合格。

4. 样品测定

在仪器工作正常、基线平直及标定合格后,用微量注射器取样品浸取液3~4μL,从进样器处将样品浸取液注入色谱仪,在记录仪绘出色谱图后,测量色谱峰高。连续进行2~3次试验,其峰高之差不得大于5％。在测定2~3个样品后,必须重新进行一次标定。

(二)分析过程

分析过程参考实训三(火药中二苯胺含量的测定-气相色谱法)。

(三)结果计算和表述

1. 计算公式

$$P_i = \frac{H_i \times W_o}{H_o \times W_i} \times P_o$$

式中　P_i——被测样品中定剂含量，%；

　　　P_o——标准样品中定剂含量，%；

　　　H_i——被测样品的峰高，mm；

　　　H_o——标准样品的峰高，mm；

　　　W_i——被测样品的质量，g；

　　　W_o——标准样品的质量，g。

2. 误差规定

每份样品测定 2～3 次，测定误差不超过 0.2%，最后结果取算术平均值。

（四）注意事项及影响分析

(1)柱温对峰高影响很大，若柱温相差 1℃，则峰高将产生约 3% 的差别，故必须控制电源电压，使其柱温稳定。

(2)注意热导池及其下面两个尾气管的清洁，应定期以少量的乙醚清洗。

(3)当发现色谱柱分离效果不好时，应重新制备固定相，重新装填色谱柱。

实训八　火药安定性试验——维也里试验

一、试 验 目 的

火药的化学安定性就是指火药在长期贮存中,保持其基本化学组分不剧烈分解和其主要物理化学性能不发生显著变化的能力,火药化学安定性也反映了它在长期贮存中,由于各种化学反应所引起的分解速度的快慢。

火药的化学安定性试验,可以判定火药安定性的好坏,估计其贮存年限。

二、相关理论和技能

(一)测定原理

将定量试样装在密闭的盛有蓝色石蕊试纸的维也里烧杯内,在(106.5±0.5)℃的恒温器中加热,使之分解放出氮的氧化物,与试样中的微量水分(1%~1.5%)作用,生成硝酸和亚硝酸,以蓝色石蕊试纸变为红色或试样出现棕烟所累计的加热时间,表示火药的化学安定性。

(二)适用范围

本法适用于火药和硝化棉及其制品的化学安定性的测定。

三、实训设备和材料

(一)实验间的要求

维也里试验应有3~4个实验间。

1. 试样准备室

试样准备室供存放及粉碎试样用,也可和风干室合并,不单独设置。

2. 风干室

在此室内进行试样称取、装卸烧杯及试样加热后的冷却与风干。风干室的室温不应低于16℃,以免风干箱的温度不好保持。室内不得有阳光直射。不允许在本室洗涤仪器、存放废试样和亚硝酸钠及进行烘干试样、仪器等加热操作。因为这样既不整洁,又可能使室温产生变化,影响风干箱温度的稳定,同时也增加了不安全因素。

室内特别不允许存放能产生酸性气体的物质,以免污染空气,对装药、风干试样和试纸造成不良影响。

3. 恒温器室

恒温器室供加热试样用。本室的天棚、墙壁均应涂白色油漆,便于观察试纸变色情况及定期洗刷。窗户应挂深色窗帘,以防阳光直射。采用具有足够亮度的日光灯照明,日光灯不允许带黄色或蓝色光线,以免影响对试纸颜色的观察。

室内不得存放其他杂物,空气应保持洁净,不得有酸性或碱性气体存在。

4. 洗涤室

在洗涤室内进行仪器的洗涤与干燥,也可在此准备试样。

(二)试样准备

硝化棉按要求离心驱水、过筛后,在95～100℃的烘箱中烘2h(或红外线干燥),在钟罩下或不放干燥剂的干燥器内冷却1h。

火药试样根据药型尺寸大小不同分别按下述方法处理:

(1)粒状药颗粒小于1g的试样,不进行破碎。

(2)粒状药粒大于1g及燃烧层厚度大于1.2mm的管状药,用铡刀纵向切开,然后横向切成小块,通过孔径8mm及5mm的双层筛过筛,取留在下层筛上的试样进行试验。带状药、片状药用剪刀和铡刀剪切成5～8mm小块。

(3)燃烧层厚度小于1.2mm的管状药,两端切去5～10mm,再切成约30mm长的小段。

(4)直径大于20mm的管状药,切去两端,用金属锯或铡刀从不同部位截取药段,再切成小块,通过上述双层筛,留取在下层筛上的试样进行试验。

所有各种试样的准备,都要注意有足够的代表性。

准备好的单基火药试样于95～100℃干燥2h,移入玻璃钟罩或不放干燥剂的干燥器内冷却1h备用。双基火药因吸湿性很弱,不进行干燥。

(三)仪器、设备和试验装置

1. 维也里恒温器

恒温器(见图8-1)主体是具有铜质或不锈钢夹层的圆柱形容器,其内有能旋转的烧杯架,架上有15个安放烧杯的孔,主体外部包以绝热层,在绝热层外包以金属板。为了观察恒温器内的试样与石蕊试纸颜色的变化情况,恒温器上设有一个镶无色玻璃的窥视窗。

恒温器顶部设有夹层盖,盖中央开有一个供烧杯架轴转动的中心孔。另外,在一旁开有一个较大的带盖的供取放烧杯的孔。

恒温器主体的外套与内壁之间,装有甘油水溶液(甘油与水的体积比为5:1),如用电子继电器和电接点水银温度计控制温度,应适当增加甘油水浓度。甘油水液面应与烧杯架上层圆板齐平或稍高一些,并应能与电接点水银温度计下端水银球相接触。

电接点水银温度计由恒温器甘油水注孔插入夹层内,并套上保护套管加以固定。

恒温器的下部是一圆柱形底座,内装有电热器,电热器可用电子继电器和电接点水银温度计控制其闭合和断开。

为使放入恒温器的试样在整个试验过程中温度一致,在安放恒温器的工作台下面装有电动机和减速传动装置,使恒温器内的烧杯架转速为5～8r/min。转速应每月检查一次。

每台恒温器有单独的离合器,能使任意一台恒温器的烧杯架单独旋转或停止转动。烧杯架应逆时针方向旋转。

每台恒温器旁设有一个标签,注明维也里温度计编号及其修正值。为了便于观察石蕊试纸的变色或试样出现棕烟,在烧杯架中间的金属圈及恒温器的内壁上衬有一张白色滤纸或涂有硫酸钡的滤纸。白色滤纸应每月更换一次,涂硫酸钡的滤纸每3个月更换一次,但当发现滤纸变黄时,应立即更换。恒温器内部及烧杯架每3个月用0.05%碳酸钠溶液擦洗一次。

2. 维也里温度计

维也里温度计(见图 8－2)用无色透明玻璃制成,长度约为 8.5cm,分度值为 0.5℃,106.5℃刻线及 106.5℃应分别用红线、红字标出,温度计的刻线应清晰。维也里温度计每6个月至少用标准温度计在恒温器或专用油槽内校正一次,如温度计修正值不稳定,应每月校正一次,当修正值超过±0.5℃时,则应予报废。

标准温度计每年应检定一次,温度计的校正结果,记在特备的记录表上。

维也里温度计应用软木塞固定在一专用烧杯的口部,然后置于恒温器烧杯架上,温度计的感温泡的下部距烧杯底约 5mm,106.5℃刻线位置也应离开软木塞下一定距离,以便于观察温度。

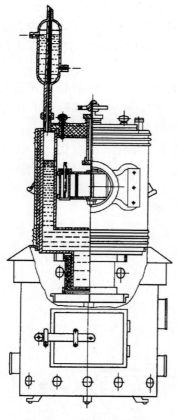

图 8－1　维也里恒温器

红线、红字

图 8－2　维也里专用温度计

3. 维也里烧杯

维也里烧杯(见图 8－3)应无色透明,不允许带黄色,便于观察试纸颜色变化及产生的棕烟。维也里烧杯用耐温的硬质玻璃或不锈钢制成,使其不致因温度突变而炸裂。维也里烧杯的主要尺寸应符合规定要求,特别是内径、容积和边缘厚度。由于内径的大小影响试纸搭接宽度是否适当,容积影响分解产生的二氧化氮气体的浓度,边缘的厚薄容易造成烧杯装配的过紧或过松,维也里烧杯的上端面应具有磨砂,维也里烧杯壁上不应有气泡、线纹、疤痕、凹陷等疵病。

单基药试样用过的烧杯,先用酒精清洗,以除去可能黏附在杯壁上的二苯胺等有机物质,然后用自来水冲刷,再用开水浸泡刷洗,最后用热蒸馏水冲洗 2～3 次后烘干备用。对于杯壁上黏附物质较多不易洗净的,可用乙醇或乙醚浸泡,或用乙醇或乙醚浸过的棉球擦净后,再按上述办法用水依次冲洗。

双基药试样用过的烧杯,因为上烧杯壁可能黏附分解和析出的有机物质较多,故应先用丙酮或乙醇:乙醚的体积比为1:1的溶液浸泡后,再按上述方法洗涤干燥。

烧杯在使用前,均应先用洗液浸泡。但必须特别注意,在用洗液浸泡后,必须将烧杯中的残酸冲洗干净,绝不允许用带任何酸性的烧杯进行操作。

4. 钢盖及铜圈

维也里专用烧杯盖(见图 8-4)有黄铜、陶瓷及不锈钢等材料的 3 种制品。黄铜制品因为能与二氧化氮气体作用生成氧化层,所以做完每一次试验后,都要用金刚砂将这层氧化物擦掉,操作麻烦,而且盖子会逐渐变薄至最后不能使用。由于它能消耗少量的二氧化氮,对 1h 试验结果可能存在一些影响(与不锈钢盖、瓷盖相比加热时间稍长)。瓷盖、不锈钢盖没有以上缺点,但瓷盖易碎,所以现在普遍采用不锈钢盖。

用过的不锈钢盖应以乙醇或乙醚棉球擦净内表面,以自来水冲洗,再用热蒸馏水洗涤后干燥备用。用过的铜盖则用金刚砂将其内表面擦到全部呈现金属光泽,再用自来水及蒸馏水洗涤后干燥,不锈钢盖也应定期用金刚砂擦拭。

不锈钢盖上的弹簧片弹性必须合适,形状及高度必须符合图纸要求。过硬过高的弹簧片装配困难,装配不当时,在加热过程中易使烧杯破裂。弹簧片过软、高度过低时,烧杯的密封性差,加热时会因漏气而使试验结果偏高。

铜圈上应打编号。铜圈内径及提环高度应符合图纸规定。

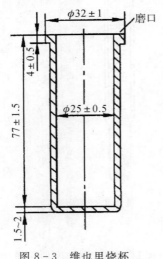

图 8-3 维也里烧杯

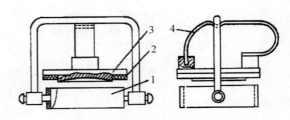

图 8-4 维也里专用烧杯盖及铜圈

1—铜圈;2—胶皮圈;3—铜盖或不锈钢盖;4—弹簧片

5. 维也里胶圈

维也里胶圈(见图 8-5)应富有弹性,能耐一定温度,使其不致因加热而迅速发黏、变硬或产生裂纹,表面应光滑、平整、无气孔。胶圈不得带酸性或碱性,也不得含有能与二氧化氮作用或促使试样加速分解的物质。胶圈配方对维也里试验结果影响很大,过去用不同工厂不同配方的胶圈,发现单基药 1h 结果相差可达 40～50h,双基小方片药相差也可达 10h 左右。有的在加热过程中发现生成大量黄色物质。

现在规定的胶圈统一配方见表 8-1,其结果仍稍有偏高趋势,需要研究改进。

表 8-1　胶圈的统一配方

丁腈橡胶	氧化锌	硬脂酸	喷雾炭黑	促进剂 T.T.	邻苯二甲酸二丁酯
100%	5%	2%	40%	3%	5%

新胶圈使用前应进行处理。一般是先用自来水煮两次,待放凉后,用力搓洗,以除去附着在表面的某些物质,然后用蒸馏水煮几次后干燥备用。也可用 0.5%碳酸钠溶液浸泡搓洗后,再进行水煮。最后一次煮洗用水的 pH 应与所用蒸馏水的 pH 一致。新购回的胶圈在按上述方法处理后,应取其中 20 个,分装在 10 个烧杯内,在没有试样的条件下,按普通法加热 7h,试纸颜色的变化不深于紫色,该批胶圈才能使用。胶圈换批时,应用标准药进行对照试验。

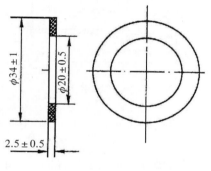

图 8-5　维也里胶圈

胶圈在长期使用后,有发黏、变硬或裂纹等现象,应经常检查,及时剔除,也可以根据使用经验,定期更换。

6. 维也里试纸

维也里试纸是一种浸过石蕊溶液的特种滤纸。试纸长为 80～81.5mm,宽为(20±1)mm,厚为 0.12～0.14mm。试纸应厚薄均匀,边缘整齐,无毛刺,表面呈均匀的蓝色,不得有斑点、线纹,不应看出红色边缘、指印、石蕊溶液流痕或未溶的石蕊颗粒。试纸的正面具有细密的网纹,只有面是平滑的。

试纸应密封包装,贮存在阴凉干燥处。打开密封包装的试纸应放在深色磨口的瓶中,存放于暗处,避免日光或紫外线的影响。

每批试纸均应附有合格证,有效期为 1 年。试纸换批时,应用标准样进行对照,合乎要求后才能使用。

7. 风干箱

风干箱是一特制木柜(见图 8-6),供试样在两次加热的间歇期间进行风干,以驱除试样表面残留的氮的氧化物等热分解气体,并使之保持适量的水分。因此在风干箱内应形成自下而上的、缓慢的、具有一定相对湿度的空气流。

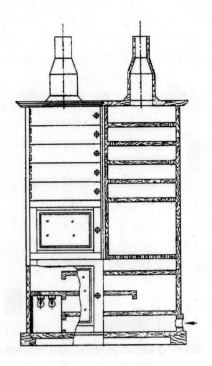

图 8-6 维也里风干箱

风干箱下部有 3 层隔板,中层隔板的底面装有 3~4 个不同功率的灯泡,用它来加热空气并调节空气的流量。灯泡不应装在风干箱的底板上,因为当亚硝酸钠溶液不慎溅到木板和灯座内时,有可能造成短路而引起着火事故。隔板上放置盛有亚硝酸钠饱和溶液的搪瓷盘,用以保持箱内空气的相对湿度在 65%±8% 的范围内。因为 20℃时亚硝酸钠饱和溶液上的水蒸气压力为 1.533 2kPa,而在该温度下,纯水的蒸气压力为 2.338 5kPa,其相对湿度为

$$\frac{1.533\ 2}{2.338\ 5}\times100\%=65.5\%$$

在风干箱的中部安放有湿度计。上部供放置试样用。

风干箱湿度每小时记录一次,箱内温度不得低于 18℃。亚硝酸钠饱和溶液至少每 6 个月更换一次。

风干箱顶部排气管的大小影响箱内空气的流动情况,因而影响重复至 1h 的测定结果,排气管偏小的试验结果偏低,因此一定要符合资料规定的尺寸。排气管出口处的位置要选择恰当,以免有时形成顶风,使箱内空气不能排出,造成结果偏低。

(四)装样

操作者戴上洁净的手套和口罩,把维也里烧杯放在提架上,将铜圈按编号顺序套上,将试纸从存放专用试纸的深色瓶中取出,用镊子夹住试纸的一角放入烧杯中。慢慢地向下卷成环状并紧贴烧杯内壁直至底部为止。试纸的网纹面应朝外,两端搭接处应互相重叠,不得有折痕与破裂现象,以便于观察试纸颜色变化情况。

将称好的 10g(称准至 0.1g)火药试样(硝化棉称取 2.5g)通过大颈漏斗倒入装好试纸的

烧杯中。小粒药应注意不使其散落在杯壁与试纸中间。大粒药可用镊子加以整理,硝化棉或小方片药可用圆棒轻轻压紧、压平。所有试样装样高度均不得超过烧杯高度的2/3处,以免影响在试验中观察棕烟。

将套上专用胶圈的不锈钢盖盖在装好试样的烧杯上,推上铜圈的提环,使其恰好扣在不锈钢盖弹簧中部的下凹处,压紧不锈钢盖而使烧杯密闭。注意:试纸的搭接部分应正对铜圈编号的下方,以便于观察。

烧杯装配后的密闭程度如何,是维也里试验能否得出正确结果的一个极为重要的因素。烧杯在加热时,原有的气体受热而具有一定的压力。在加热过程中,试样逐渐分解又产生新的气体,使压力增大。随着加热次数的增加、加热时间的增长,分解逐步加速,放出的气体量增多,这样烧杯内的压力也就更大,需要有一种装置使烧杯在内部压力加大的情况下仍能相对密闭。但是像现在这样用弹簧片压紧的方法是不可能保持很高压力的。根据实测,当烧杯内的压力比外界压力高 $20.265 \sim 30.375 Pa$ 时,烧杯即开始漏气,因此所谓烧杯的密闭性只能是相对的,是指烧杯内的气体压力在一定范围内时,烧杯仍能保持密闭而不漏气。不过这并不意味着容许烧杯不具有一定的这种相对密闭性。如果烧杯的密闭性太差,在内外压差很小时便开始漏气,则烧杯内所能保持的氧化氮气体的浓度较小,使试纸变色缓慢而造成至1h结果偏高。如果烧杯过于严密,烧杯内所能保持的氧化氮气体浓度很大,则至1h结果偏低。因此烧杯的密闭程度不同时,常常出现颜色及终点反常、结果跳动、误差大等情况,因此保持这种相对的密闭性在一定范围内仍然是十分重要的。

影响烧杯装配后密闭性的因素多,主要有以下几种:

(1)烧杯口部损坏严重,磨口不平。这类烧杯应及时剔除更换。

(2)胶圈弹性不好、老化、有裂纹或变形严重。这类胶圈应淘汰不用,或在胶圈使用一定时期(根据使用情况而定)后更换。

(3)弹簧太软。

(4)装配不当。

不锈钢盖上弹簧的软硬程度对烧杯的密闭性影响很大。弹簧的弹性形变过大,它抵抗烧杯内试样产生气体压力的能力就较小。当烧杯内的气体压力上升到某一程度时,它就不能将不锈钢盖压紧而造成烧杯漏气。长期生产实践和多次对照试验发现,软弹簧使双基小方片至1h结果升高 $1 \sim 2h$,单基药升高 $10 \sim 20h$,个别有高达 $30 \sim 40h$ 的(装配不当也有影响),同时反常现象严重,因此不应使用软弹簧。但是弹簧过硬,装配困难,因本试验仅要求保持相对的密闭性,也没有必要如此,所以要选取适当硬度的弹簧。

在所用的仪器合乎要求时,装配得当与否,就成了保证烧杯具有一定密闭程度的重要问题。由于合格的仪器本身也存在一定的误差范围,在配套时一定要多加注意。烧杯边缘较薄、弹簧高度较矮的,应选用铜圈提环较低的。这样不锈钢圈上的提环才能压紧弹簧而使装配好的烧杯得到一定的密闭性。烧杯边缘较厚、弹簧较高的,在保证能很好压紧弹簧的情况下,则可选用提环稍高的铜圈。如何配用,要根据具体情况进行选择。装配过紧也不好,加热过程中,烧杯可能炸裂,因此装配的松紧程度要适合,既不漏气,又不太紧。

烧杯装配好后,应逐个进行检查。如果稍稍用力,不锈钢盖不能动而铜圈可略为移动,则认为合乎要求。

对如何检查装配好后烧杯的密闭性,现在还没有很好的方法。过去曾将装好的烧杯在沸水中煮,看有无气泡逸出,或将加热后的烧杯投入冷水中,待其充分冷却后,看有无水渗入。这些方法都不适用于装有试样需要进行试验的烧杯,而且前者产生的压力小于试验条件下产生的压力。

四、实 训 步 骤

(一)测定方法

1. 试样加热

在恒温器的温度稳定在(106.5±0.5)℃,烧杯架正常转动的情况下,将装好试样的烧杯用提钩经顶盖上的投样孔顺序放入恒温器的烧杯架上。注意:铜圈号码及试纸搭接处必须朝外。此时温度稍有下降,可于恒温器周围及顶部加棉垫保温,以加快温度的恢复。以第一个烧杯放入时作为开始加热时间,要求在1h内恢复温度至合格范围。当温度恢复速度正常,接近合格要求时,应及时将棉垫取掉,以免温度超过规定。在试样加热过程中,不允许再加入新的试样,以免引起温度变化。

加热温度的高低对试样的热分解情况有很大影响,因此在整个试验过程中,要严格控制温度在规定范围内,经常观察温度并每隔15min记录一次。如发现温度偏高且有上升趋势时,可采取稍稍打开顶盖通孔的小盖,在窥视窗周围以围湿毛巾或向甘油浴中加蒸馏水(一般高0.1℃约加50mL蒸馏水)等措施,但不许打开窥视窗降温。如发现温度偏低时,可盖棉垫保温或加开一组电热器,但时间不能长,以免剧烈沸腾而喷油。如果连接有调压变压器,则可以调整电压来控制。当用纯甘油时,短期内温度在许可范围内稍有变化时,可以继续观察,如较长时间温度偏低或偏高,则应适当调节电接点温度计。要控制好温度,最主要的是操作者要熟悉恒温器的特点,加强观察,及时发现温度变化情况,并采取相应措施。

由于恒温器各部位保温、散热和传热情况不同,所以仪器内的温场是不均匀的。恒温器是从底部加热的,而且在有夹套围绕的部分能够不断地由受热的甘油向内传递热能,而顶部只是有一定保温能力的盖子,因此恒温器上部的温度低于下部的温度,有时相差几摄氏度,所以装在烧杯内温度计的感温泡距杯底的距离应为5mm,使它指示的温度比较接近于试样受热的温度。

窥视窗虽用两层玻璃保温,也没有其他部位的保温效果好,所以在试验过程中,烧杯架应以5~8r/min的速度不停地转动,进而使恒温器内的温度场比较均匀,使烧杯试样受热的情况基本一致。

2. 试纸颜色的记录

在试验过程中,试样受热分解放出二氧化氮气体,二氧化氮与试样中的水分和分解产物中的水作用,生成硝酸和亚硝酸。开始加热时,分解速度很缓慢,放出的二氧化氮气体很少,因此这时的酸度很小。随着加热时间和加热次数的增加,在火药自催化分解的作用下,分解速度逐渐加快,放出的二氧化氮气体逐渐增多,酸度也逐渐加大。

维也里试纸是一种特殊加工的专用蓝色石蕊试纸,石蕊的变色范围为pH=5~8。当这种试纸所遇介质的pH小于8或大于5时,它的颜色也会随pH的逐渐减小(即酸度逐渐加大)而逐渐变化。根据实践中观察到的颜色变化情况,人们将它划分为以下几种颜色并分别用下列符号表示：蓝色（l）、蓝紫色（lz）、紫色（z）、紫玫瑰色（zm）、玫瑰色（m）、红色（ho）、棕烟（zy）、黄色（h）、紫黄色（zh）及黄玫瑰色（hm）等。

前面的五种颜色（蓝、蓝紫、紫、紫玫瑰、玫瑰）表示着试纸由蓝到红的逐步演变过程。紫色是蓝和红的中间色，蓝紫是试纸由蓝到紫的过渡色。这些颜色的逐步出现表示着烧杯中酸度的逐渐增加，也表示着试样分解速度的情况。因此规定每 30min 记录和观察一次颜色。

当与试纸接触的介质的 pH 约为 5.4 时，试纸的蓝色色调完全褪尽而成为玫瑰色。这里所说的"红色"是指试纸变成玫瑰色后，由于继续分解出的氧化氮气体的作用，试纸达到规定条件时的颜色的状况。

黄色不是试纸由蓝到红的过渡颜色，而是由火药中挥发出来的二苯胺与二苯胺衍生物被试纸吸附后形成的色调。当黄色已占试纸面积约 1/4 或 1/3 时，根据当时试纸本身的颜色可分别记为紫黄色、黄玫色等。如果此时蓝紫色居多则记蓝紫色，紫黄色居多，则记紫黄色。当黄色已基本覆盖试纸时，则记为黄色。

试纸过渡颜色的记录，没有也不便于规定统一的标准，一般是由操作人员根据实际操作经验和习惯来记。有的记得稍早一点，有的记得迟一点，这样虽然对试验结果不一定有什么影响，但为了避免不同人操作时出现反常情况，以及正确地反映试样的分解规律，在同一试验单位和不同试验单位的试验人员之间，应在试验前或定期进行"统一颜色"工作，即统一颜色记录标准，使试样的累计加热时间相差不超过 30min。

在试验过程中，每 15min 记录一次温度，每 30min 记录一次试纸颜色。

3. 卸药及风干

试样加热到 7h 后，打开恒温器顶部的小盖，用提钩将烧杯提出。如果试样加热不到 7h，但产生棕烟或试纸达到"红色"终点时，应立即将该烧杯提出，然后盖上恒温器的小盖，其余试样则继续加热试验。

提出的试样烧杯放在钟罩下或无干燥剂的干燥器内冷却 30min。然后卸下不锈钢盖，将试样倒入铝盒，放在风干箱内风干 2h，以驱除试样表面残留的二氧化氮等分解产物，并使之保持适量水分。

试样在加热过程中，其水分含量对分解情况影响很大。因为火药的自催化分解主要是由酸引起的，干燥的二氧化氮的作用很小，而二氧化氮在与水相遇时，才能生成硝酸和亚硝酸。因此水分含量高的试样，由于分解的二氧化氮能生成较多的酸，其分解速度显然比水分含量低的快。另外，试纸颜色的变化也主要是由介质中的酸度引起的，干燥的二氧化氮对试纸几乎没有影响。

单基火药具有一定的吸湿性，它们吸收水分的量与空气中相对湿度的大小有关。

规定风干箱内空气的相对湿度为 65%±8%，一方面是使试样风干后能保持一定范围的水分；另一方面这种相对湿度是大气湿度的中限值，这和一般的实际贮存条件也比较接近。

为了保持风干箱内的相对湿度在 65%±8% 的范围内，当湿度计指示的湿度大时，可增开底部的灯泡，提高箱内温度，使空气通过亚硝酸钠饱和溶液表面的速度加快，或者减少盛亚硝酸钠饱和溶液搪瓷盘的数目；当湿度偏低时，可少开灯泡或增加亚硝酸钠饱和溶液的搪瓷盘数。但不允许将全部灯泡关闭，以免箱内外温差太小，不易形成自下而上的气流。

在采暖季节，室内空气的相对湿度很低，风干箱内的相对湿度不易达到规定范围，此时可用湿布擦风干箱的下部隔板或用湿布拖地板等增加空气湿度的办法来帮助控制。

加热在 3h 以内试纸就变红或出现棕烟的试样风干时,应放在正常试样的上层,因为它的分解比较剧烈,放出的二氧化氮气体较多,这样可以避免分解产物影响其他试样。

加热不到 7h 到达终点的试样,风干时间可以延长到 5h,以便于下次加热时能和其他试样同时放入恒温器,而不需要单独开一台恒温器。试验证明,在规定的相对湿度条件下,风干时间由 2h 延长到 5h,虽然试样的吸湿量稍有增加,但水分含量都在 1% 以下,对加热至 1h 的结果没有什么影响。

4. 不同维也里试验方法及其加热时间与风干时间的具体规定

(1)普通法试验。这种方法只加热 7h,工时短,不需要风干。但是它只能将不含安定剂和安定剂已基本丧失作用的试样和其他试样区别开来,而对一般试样并不能区分其安定性的好坏。

(2)加速重复法加热 10 次试验。这种方法先后加热共 10 次,每次加热 7h 后,冷却 30min 卸药,在风干箱内风干 2h,再进行下一次加热。由于是多次重复加热,可以根据各次试纸受试样分解产物作用而变色的情况,看出它大致的分解规律,而且试样每次加热前都保持一定的水分,比较接近实际贮存的条件。这种方法在一定程度上能反映火药安定性好坏情况。目前工厂生产的制式火药的出厂检验主要采用此法。

(3)加速重复法至 1h 试验。操作同加速重复 10 次试验,但加热次数不限,直到一次加热 1h 就出现终点为止。

这种方法由于重复加热次数更多,而且一直加热到安定剂基本失去作用为止,能比较全面地看出在试验条件下试样的整个分解规律,也能较好地反映其安定性。但是工时太长,在工厂中一般只作为定期抽验的方法,用以了解产品的化学安定性有无变化。

(4)正常重复法加热 10 次及至 1h 试验。所谓正常法和加速法的区别就是风干时间不同。加速法风干 2h,正常法风干时间在 14h 以上[正常法风干时间=24h-(加热时间+冷却时间+装药时间)],其他操作相同。

这种方法工时太长,生产工厂一般不采用。

军内采用的方法有普通法和正常重复法(连续加热 10 次或至 1h)。经常采用正常重复法试验,用于检验制式贮存火药,借以得出火药安定性的正确结论,给出安全贮存期限。对于非制式或质量低劣的火药,均采用普通法。

(二)结果计算和表述

以各次加热的累计时间表示试样的试验结果。最后一次加热小于 1h 的时间不计入结果内。累计总时间的尾数少于 20min 的结果舍去不计,20~44min 的结果以 30min 计,等于或大于 45min 的结果以 1h 计。

每一试样做两个平行测定,其结果不取平均值,两个结果的实测时间用破折号连接表示,以其中一个时间较短者确定下次复试日期。

在维也里试验中,终点(包括试纸的"红色"和棕烟的发生)的正确判断,是影响重复试验特别是至 1h 试验结果正确与否的一个极为重要的因素。

火药在加热过程中,由于自催化分解作用,其分解速度随着加热时间的延续而增加。前面已经说过,这种自催化分解作用主要是由分解出的二氧化氮与水作用生成酸引起的。酸度愈大,这种自催化分解作用愈显著。在加热后期,尤其是进入剧烈分解阶段时,分解出的二氧化氮气体多,酸的浓度增加快,分解速度上升更快、更显著。这时连续加热时间长短的改变对分解速率的影响比加热初期要大得多。

由于该项研究一直要加热到试样的耐热时间低于1h方能结束,当试样的耐热时间已不足7h时,应特别注意终点的判断,防止将试样过早提出,因此时试样尚未达到真正的剧烈分解程度,在试样经冷却、风干,再进行下一次加热时,就需花费更长的时间,才能达到正确终点时的分解程度,这不仅将使本次加热的时间增加,而且还会使试样的累计加热时间延长,出现结果偏高的情况。如果试样过迟提出,则情况会完全相反,将使累计时间缩短,结果偏高。因此,准确判断终点是十分重要的。

所谓红色终点是这样形成的,即当试样分解出的二氧化氮生成的酸达到一定浓度时,试纸的颜色变成玫瑰色。由于继续分解出的二氧化氮使酸的浓度增大,在一定浓度的硝酸、亚硝酸和热的作用下,试纸的玫瑰色逐渐变淡,它的纤维素也逐渐被破坏。当试纸的颜色褪到一定程度时,试纸两端接头处似乎透明,明显地可以看出重叠部分后面的试纸,同时整个试纸有变薄的感觉,网纹更加清楚,具备这些特征,即为红色终点。为了验证是否真正到达终点,可用下列办法对试纸进行检查:用手将试纸正反向一折,轻轻一拉,试纸断裂,称为"软脆"(符号cy),这种情况认为是恰好到达终点;如果正反向一折就断或折后轻轻一碰就碎,称为"脆"(符号c),说明红色终点已过;如果正反向一折用力一拉才断,称为"软"(符号y),说明距终点还有一定时间;若是拉不断,则根本未到终点,仍是玫瑰色。试纸检查情况记在红色符号的下方,分别记为ho/cy,ho/c,ho/y。

当试纸的红色终点难以确定时,可以用烧杯中出现棕烟的情况作为终点来提取。

所谓棕烟,是指在烧杯内形成的一定浓度的棕色二氧化氮气体。当试样剧烈分解到一定程度时,生成的二氧化氮气体量大,速度快,水以及试样中其余组分的作用也不能及时将它消耗掉,因此在烧杯上半部的空间开始出现有淡棕色的二氧化氮气体。随着加热时间的增加,棕烟逐渐变浓,至具有较明显的浅棕色可以肯定为棕烟时,即可作为终点提出。

一般情况下,棕烟的出现比正确的红色终点要稍晚些,试纸一般为"脆"。但是在重复至1h试验的后期和危险试样,由于分解剧烈,棕烟的出现不一定比红色终点出现晚,试纸有时为"软脆"甚至"软"。如果整个至1h重复试验全部以棕烟作为终点,则所得结果要比以红色作为终点的稍低。

有时烧杯内出现棕烟后,并不是逐渐增浓,而是很快消失,一般称为假棕烟,这不是真正的终点,如双铅药有时就有假棕烟出现。含N-硝基-二乙醇胺二硝酸酯(俗称吉纳)的火药,在加热大于3h后就冒棕烟,但继续加热后,棕烟反而消退。假棕烟的出现并不是由于火药本身已进入剧烈分解阶段,而是由于其中某些附加组分的作用,使分解速度较快,药中的安定剂来不及和生成的二氧化氮气体及时作用,因而在烧杯内形成少量棕烟。安定剂逐渐将这些二氧化氮吸收后,棕烟也就消失。因此,当烧杯内开始出现少量棕烟时,不能马上提出,应观察其是增浓还是变淡。但是,对危险样品以及加热次数较多将结束至1h试验的样品,由于分解速度很快,短时间内棕烟急剧增加,如不及时提出有可能发生爆炸。因此,试样开始出现棕烟后,要细心观察,根据情况进行处理。

虽然红色终点具有以上的一些特征,但是不同品号的火药,由于成分和药型不同,它们的分解规律也有差异,所以要根据它们各自的特点,适当掌握终点的提取。如单基药一般比双基药分解慢,特别是小粒药,到终点后还能连续加热数次而不立刻缩短时间,对这类样品,终点不宜提早,应以"脆"为宜,否则下次易反常。双基片状药出现终点后,时间缩短很快,故终点应稍提早一点,以"软脆"为宜,否则结果易偏低。

根据试验人员的实际经验,几种不同类型火药提取终点的原则大致归纳如下(但这些经验只能作为参考,操作者要在工作实践中细心观察,认真总结分析,不断积累经验,掌握不同品号火药的分解规律及特点,才能使终点提得比较正确,保证试验结果的准确可靠):

(1)小中品号单基火药:如多-45,2/1樟,3/1樟,4/1,4/7,5/7等。这类药药型较小,比表面较大,燃烧层厚度较薄,内挥发含量比大品号药低,一般终点出现较早。但有的如4/1等品号能再加热几次,出现终点时间不明显缩短。4/7,5/7等品号出现终点后虽不能保持,但时间减少得很缓慢。因此对这类型的试样终点应掌握稍晚。以在试纸发白、重叠部分及网纹能很清楚地看出时,再提较好,检查试纸应"脆",否则容易反常。

(2)大粒单基药:如9/7,11/7,14/7等。这类药挥发分含量较高,燃烧层厚度较大,其终点出现较晚。但终点出现后,试样分解加速,出现终点的时间缩短得很快。因此提取终点可稍早些,试纸以掌握在"软脆"附近为好。当试纸呈淡粉红色,重叠部分已透明,网纹面比较清楚时,就可提出。

(3)单基管状药:如12/1,18/1,27/1等。它们的分解规律介于大粒药与小粒药之间,一般十次以后出现终点。终点出现后,加热时间逐渐缩短,但不如大粒药缩减得快。因此提取终点时,试纸最好掌握在"脆"与"软脆"之间。当试纸发白,重叠部分已透明但稍带粉红色时即可提出。但过早也容易造成下次反常。

(4)双基片状药:这类药变化较快,玫瑰色出现早,一般到5次左右就能出现红色终点,有时终点出现1~2次后,即出现棕烟而很快结束。因此可适当提早些,试纸掌握在"软脆"。试纸呈淡粉红色,交接处重叠部分比较透明即为终点。

(5)双基管状药:此类大品号的管状药加中定剂较多,变化较慢,玫瑰色出现较晚,持续几次后,才能提取终点。终点可提晚一些,试纸掌握在"脆"。

(6)某些含有特殊附加成分的火药在至1h试验中,出现一些与其他火药不同的特殊现象。如含有冰晶石[$Na_3(AlF_6)$]的硝基胍火药,加热到35次仍然保持玫瑰色,始终不出现终点。又如含松香的单基消焰药出现终点的时间缩短到一定程度后,不再缩短并多次保持不变,继续加热,出现终点时间反而增长,甚至后来不出现终点,返回玫瑰色。这是因为药中含有某些还原性强或能与大量二氧化氮作用的组分,它们能吸收空气中的氧和分解出的二氧化氮并与之作用,或者易使二氧化氮还原成一氧化氮,减少了由于二氧化氮所引起的自催化作用,因而迟迟不出现终点。对于这些火药作至1h试验是没有什么意义的。如果再延续多次加热,试样中的硝酸酯基分解到一定程度后,剩余的硝酸酯基能分解出的氧化氮量反而减少,更不足以使试纸达到出现终点所需要的条件。因此对此类火药安定性的检验,需要采用新的方法或暂时以10次加热的结果来表示。

(三)火药中的成分对维也里试验的影响

1. 安定剂含量

由于安定剂能与氧化氮作用而减缓火药分解速度,因此同一品号试样在其他条件相同时,安定剂含量高的,红色终点出现较晚,至 1h 结果较高。如八二方片药的至 1h 结果,中定剂质量分数为 1.5% 的比 1.0% 的多 5~8h。

2. 内挥发含量

一般来说,其他条件相同,单基火药中的内挥含量高,维也里至 1h 结果要稍高些。有人认为,这是因为残余溶剂中的乙醇能和氧化氮作用,$C_2H_5OH + HNO_3 \rightarrow C_2H_5ONO_2 + H_2O$,而乙醚的存在,能使火药的吸湿性减弱,都有利于增加维也里试验的时间。

但是也有人认为,含溶剂量过高,在常温下贮存时,由于受到氧化作用,对火药的安定度是有害的。

3. 松香含量

松香中的主要成分是松香酸(约含 90%),其酸性比碳酸弱,由于松香带有微酸性,因此含松香的消焰药(如 8/1 松钾、12/1 松钾)终点出现较早。但是松香易被氧化,在加热时,它能吸收烧杯空气中的氧,使火药分解出的氧化氮不能氧化成二氧化氮,降低了二氧化氮的浓度,不能形成棕烟。加上消焰药中硝化棉含量只有约 50%,质地比较疏松,因此含松香的消焰药出现红色终点后,以后几次加热,时间缩短得很慢,往往连续多次保持同一时间到达终点,加热到一定时间后,出现终点时间反而延长,甚至颜色返回为玫瑰色而做不到至 1h。这可能是硝化棉在前一段加热时间已大量分解,以后未分解的硝化棉含量越来越少,以致分解出的氧化氮含量已不足使试纸变红。如某批 8/1 消焰药加热到 23 次,开始 5.5h 出现红色终点,加热到 55 次反而延长到 7h 出现终点,再加热至 61 次又反而变为玫瑰色,继续试验达 129 次试纸仍为玫瑰色,因不再到达终点而停止试验。在上述试验过程中称取了试样的质量,当加热 100 次时,试样由 10g 减少为 6.7g,到 129 次时则只有 6g,样品外观已变为深褐色,药质疏松,竟不能用明火点燃。

4. 其他成分的影响

双基火药所含的凡士林、苯二甲酸二丁酯都能增加火药的安定性。凡士林内含有不饱和的碳氢化合物,可以吸收一些二氧化氮与之作用,因此在其他条件相同时,它的含量高,维也里至 1h 的试验结果稍高。二硝基甲苯等一类硝基化合物,它们的硝基直接和碳原子连接,化学安定性比较好,火药中加入它们后,因为相对不安定的硝化甘油或硝化棉的含量减少,因而也可提高火药的安定性。

火药中加入的某些催化剂,如碳酸钙、氧化镁、氧化铅等,它们都能吸收二氧化氮,因此它们的存在也能增加火药的化学安定性。含有一定量氧化镁的双基火药可以不另加安定剂。

(四)优缺点

维也里试验的优点如下:

(1)能够比较正确地反映无烟药的化学安定性,符合无烟药在仓库长期贮存中的实际情况,尤其是重复试验,因在试样中始终保持定量(质量分数为 1%~1.5%)水分,这样不仅有热分解,而且有水解作用,这是其他安定性测定法所不及的。

(2)对制式火药有一个较完整的复试期规格。

(3)试验操作比较简单。

维也里试验的缺点如下:

(1)观察试纸变化及提取试纸红色终点时,主观性较强。这是由于无烟药中各种附加物的不同和试纸理化性能以及操作因素的影响,给正确地判断红色终点带来了困难,有时主要靠操作者的实践经验决定。

(2)进行重复至1h试验的时间太长,对质量较好的无烟药,往往需要1个月左右的时间才能结束。

(3)本试验属于定性方法的范畴,对无烟药中加入特殊附加成分者,不易试验到红色终点,影响正确评定安定性的好坏。

实训九　火药安定性试验——甲基紫试验

一、试 验 目 的

火药的化学安定性就是指火药在长期贮存中,保持其基本化学组分不剧烈分解和其主要物理化学性能不发生显著变化的能力,火药化学安定性也反映了它在长期贮存中,由于各种化学反应所引起的分解速度的快慢。

火药的化学安定性试验,可以判定火药安定性的好坏,估计其贮存年限。

二、相关理论和技能

(一)测定原理

将试样置于专用试管内,在规定温度下加热,测定试样受热分解释放的气体使甲基紫试纸由紫色转变成橙色的时间,或试样连续加热5h,看其是否爆燃,用以表示试样的化学安定性。

(二)适用范围

本方法适用于火药及硝化棉的化学安定性的测定。

三、实训设备和材料

(一)试样准备

(1)三维尺寸不超过5mm的火药可直接用于试验。药型尺寸有一维或一维以上超过5mm的火药,必须经粉碎、过筛,取3mm筛的筛上物。

(2)硝化棉试样经驱水后过2mm,4mm双层筛,取2mm筛上物,在(55 ± 2)℃烘干4h或在(95 ± 2)℃烘干2h。

(二)仪器、设备和试验装置

(1)恒温浴:金属块恒温浴或甘油水回流恒温浴,加热孔内径为(19 ± 0.5)mm,深度为85mm,控温范围0～150℃,控温精度为±0.5℃,加热孔间的温差不大于0.5℃,金属块恒温浴如图9-1所示;

(2)试管:试管由耐热玻璃制成,如图9-2所示,内径为15mm,外径为18mm,长度为290mm;

(3)软木塞或橡皮塞:与试管配用,在中心处穿一个直径4mm的气孔;

(4)甲基紫试纸:甲基紫试纸应符合《甲基紫试纸技术条件》规定;

(5)专用温度计:118～125℃,130～137℃,分度值为0.1℃;

(6)甘油:《化学试剂 丙三醇(甘油)》(GB/T 13206—2011),用于配制甘油水溶液,120℃试验所需甘油水溶液的相对密度为$1.21g/cm^3$,134.5℃试验所需甘油水溶液的相对密度为$1.24g/cm^3$;

(7)样品筛:《试验筛系列标准》(GB/T 6003—2012),筛孔直径为 3mm,5mm 或 2mm,4mm;

(8)烘箱:控温精度为±2℃;

(9)触点式温度计:0~150℃,分度值为 0.1℃。

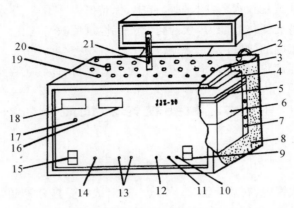

图 9-1 金属块恒温浴

1—照明灯;2—过温保护器;3—保温板;4—金属块;5—加热板;6—压紧板;7—压紧螺丝;
8—保温棉;9—总电源开关;10—温度设定开关;11—转换开关;12—快慢对时按钮;
13—恒温指示灯;14—升温指示灯;15—灯开关;16—时钟;17—对时按钮;18—数字温度计;
19—试管孔;20—试管;21—温度计

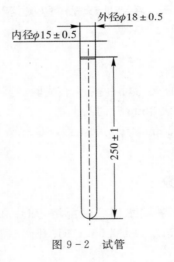

图 9-2 试管

四、实训步骤

(一)VDY00-01甲基紫试验仪介绍

1. 温度计安装

将温度计用软木塞固定好,插入恒温加热孔中,并使温度计感温泡距孔底部约 12.5mm。

2. 仪器按键说明

（1）"温度"：恒温点选择；

（2）"预热"：预置加热开始时间；

（3）"时间"：时间调整（开机后首先校准时间）；

（4）"←"键：按一下此键，闪烁位移一位；

（5）"↑"键：按一下此键，闪烁位循环加1；

（6）"有效"：当确认输入的数据正确无误时，按此键，结束设定；放样后按此键以确认放样完毕。

3. 温度校准

在仪器经过搬动后首次使用时要先进行温度校正；在仪器的正常使用过程中，也应每年对其进行一次温度校正。具体方法如下：将标定后的二等标准玻璃温度计套上软塞置于仪器加热孔中，使感温泡距底部 12.5 mm 处，打开仪器，使其升温至 120℃，温度稳定 30min 后，调整位于仪器后面的温度校正电位器使仪器的显示值和标准玻璃温度计读数相同，调整完后再观测 15min，直到调准为止。

4. 时间校准

如果仪器显示的时间与当前标准时间有偏差，可随时进行时间调整，但不要在恒温期间调整，以免温度下降。应在开始工作时，先进行校准，再进行温度设定等。

按一下"时间"键后使用"→"和"↑"键输入当前时间，无误后按一下"有效"键即可。注意：时间采用 24h 制，如下午 6:00 应输入 18:00。

5. 开始加热时间设定

如果让仪器在某一时刻自动开始加热工作，可设置预加热时间，按一下"预热"键，然后输入开始加热的时间，输入方法同时间校准。

注意：时间设置完成后不要关机，并且要选择恒温点，同时必须确认仪器处于等待状态，以保证安全。

6. 恒温点选择

根据不同药样的试验需要，可通过按"温度"键来选择恒温点是 120℃ 还是 134.5℃，哪个温度指示灯亮，表明那个恒温点被选中。

7. 提示观测样品时间设定

可根据样品的反应快慢，按"报讯"键设定提示观测时间，最长可设 9h59min，如果不设定该值，则仪器自动定为 40min。

8. 复位

做完一次试验，如需继续试验必须按下"复位"键，重新开始。按"复位"键后，一定要按"加热"键。

（二）试验步骤

（1）将恒温浴调至规定的温度，双基药、三基药和其他硝酸酯火药为（120±0.5）℃，单基药和硝化棉为（134±0.5）℃。

（2）每支试管中称入 2.5g 被测试样（精确到 0.1g），硝化棉需压至距管底 50mm 处。在每一支装好试样的试管中纵向放入一张甲基紫试纸，试纸下端距试样 25mm，然后塞紧软木塞。

（3）将装有试样的试管放入恒温浴中，开始加热试样，并记录放入试样的时间。

（4）火药试样在接近终点前约 5min 时，快速地将试管提起至能观察试纸颜色的高度，观察后迅速轻轻放回，其后每隔 5min（或少于 5min）观察一次，直至试纸完全变为橙色，记录每支试管中试纸完全变成橙色的时间。如果需要，可继续加热至 5h，记录试样在 5h 内是否爆燃。对于某些试样，试纸上可能出现绿色或橙色的细线条，这时应继续加热至试纸完全变为橙色为止。硝化棉试验接近终点时（约加热 20min 后），每隔 1min 观察一次颜色。

（5）为防止意外事故的发生，此项试验应在防护罩或安全柜中进行。

（三）结果计算和表述

每份火药试样平行测定 5 个结果，每份硝化棉试样平行测定两个结果，以其中最先使试纸变为橙色试样的加热时间或试样加热 5h 是否爆炸燃烧表示试验结果。试验结果应表示至整位数。其判定标准如下：

（1）单基药：变色时间 >40min，继续库存；40min≥变色时间 >20min，首先使用；20min≥变色时间 >10min，要销毁；变色时间≤10min，立即销毁。

（2）双基药、三基药和其他硝酸酯火药：要求 40~50min 后变色，1h 后出现棕烟的继续库存。

（四）注意事项及影响分析

（1）仪器安装于专用的带有防护罩的工作平台上；

（2）照明灯功率最大不得超过 100W，电源插座电流必须大于 10A；

（3）温度校正旋钮在进行温度校正时使用，其他时间不可随意转动，以免引起测量误差，影响仪器正常使用；

（4）强制加热开关在正常使用时务必处于切断（off）位置，否则仪器将一直加热，十分危险。

实训十　火药安定性试验——气相色谱法

一、试 验 目 的

火药的化学安定性就是指火药在长期贮存中,保持其基本化学组分不剧烈分解和其主要物理化学性能不发生显著变化的能力,火药化学安定性也反映了它在长期贮存中,由于各种化学反应所引起的分解速度的快慢。

火的化学安定性试验,可以判定火药安定性的好坏,估计其贮存年限。

二、相关理论和技能

(一)测定原理

将定量火药密封于定体积不锈钢杯中,在一定温度下加热,其分解产生的各种气体的释放速率与火药的化学安定性有着密切关系。本方法就是利用气相色谱法测定分解气体中特征性气体(CO_2,N_2O)的含量,以判断火药化学安定性的好坏。

(二)适用范围

本方法适用于库存单、双基火药的化学安定性试验。

(三)火药的化学安定性

火药具有进行缓慢自行分解的特性,其分解机理是很复杂的。在火药缓慢自行分解的基础上,由于外界条件的影响,存在热分解、水解和氧化分解等不同的反应形式,这些反应生成物都能引起火药的自催化分解,而它们之间又互相影响、互相激励,使火药的分解过程变得错综复杂。

火药分解的气体产物主要是二氧化氮、一氧化氮、氧化亚氮、二氧化碳、一氧化碳、氮气及水蒸气。它们的量随着加热温度的升高和加热时间的增长而增加。它们之间的比例关系则与火药的组分和外界条件有关。

三、实训设备和材料

(一)试样准备

1. 试样的选取

单基火药、双基火药样品选取后,迅速装入密封容器中,选样数量不小于 50g,管状药不少于 5 根。

2. 试样的粉碎

粒状药原则上不粉碎。为了准确称量,大颗粒者可粉碎 1～2 粒以调整质量。管状药切成 5～8mm 长的药粒。双环药、双螺药切成长、宽各为 5～8mm 的方片。粉碎之后药粒应过筛除去粉末,然后密封。

(二)仪器、设备

(1)气相色谱仪:SP‐3420A 型或其他等效型号气相色谱仪;

(2)数据处理仪:气相色谱工作站、HP‐3394A 型或其他等效数据处理仪;

(3)交流稳压器:3kW,220V;

(4)氢气钢瓶或氢气发生器;

(5)注射器:1 mL,5 mL;

(6)注射针头:5♯(齿科针 5 mm×25 mm);

(7)真空泵或水流唧筒;

(8)样品加热器;

(9)样品加热杯;

(10)色谱用不锈钢管:内径为 2mm;

(11)天平:感量为 0.1g。

(三)试剂、材料

(1)气相色谱固定相:GDX‐104 担体,152～251μm(60～80 目);

(2)无水乙醇:分析纯,《化学试剂 乙醇》(GB/T 679—2002);

(3)苯:分析纯,《化学试剂 苯》(GB/T 678—2008);

(4)分子筛:沪 Q/HG 22‐831‐68;

(5)氢气:高纯氢;

(6)硅橡胶垫;

(7)输气管。

(四)色谱柱的制备

(1)将内径为 2mm、长为 2 000mm 的不锈钢管,依次用苯、乙醇、蒸馏水清洗,烘干后备用。

(2)将清洗好的不锈钢管一端用玻璃棉堵住,做好标记,连接带有缓冲瓶的真空泵或水流唧筒。另一端用橡皮管与漏斗相接,在减压和不断轻轻敲打下,将定量的 GDX‐104 固定相徐徐装入管中,务求密实、均匀。装满后,用玻璃棉堵好备用。

(3)将装填好的色谱柱安装在气相色谱仪上,未作标记一端接汽化室,做好标记一端接检测器。在 160～180℃下通载气进行老化 2～3h 后,二次仪表上基线应平直,二氧化碳气体和氧化亚氮气体峰形全部分离,如不理想可延长老化时间,但不能提高温度。

(五)试验条件

(1)色谱柱:内径为 2mm,长为 2 000mm,内装 GDX‐104 色谱固定相;

(2)柱温:室温;

(3)载气:氢气,流速为 30～60mL/min;

(4)热丝温度:100～150℃或桥电流为 120～150mA。

(六)气相色谱仪的调试

(1)气相色谱仪安装在无震动的工作台上,并必须可靠接地。在接通电源前应检查仪器之间连接是否正确,电源电压是否符合要求,若电源波动超过5%时必须加交流稳压器。

(2)氢气瓶应按好减压阀,严禁出口对着人,载气连接管路不应漏气,尾气应排放室外,以保证安全和减少污染。

(3)仪器启动的顺序为:打开气源,调节载气流量,接通仪器电源。

(4)按色谱仪使用说明书规定的程序调试仪器,基线平稳后即可进行测试。

(5)无氢气瓶时可用氢气发生器代替。使用氢气发生器时,要经常注意电解水的补充、电解电源断电与否。

四、实 训 步 骤

(一)测定方法

1. 装药

称取(10 ± 0.1)g火药试样,装入样品加热杯中,盖好密封盖。

2. 加热

加热器温度恒定在(90 ± 0.3)℃时,将装好试样的样品加热杯快速装入恒温器内,登记放入时间,恒温器在15 min内温度应恢复到(90 ± 0.3)℃,并经常观察加热过程中温度的变化情况。

加热3h后提出样品加热杯,冷却至室温(约30min)即可测定。加热后的试样必须在6h内测定完毕。

3. 安定性标定

测定试样时用标准气体进行外标标定。为了使用方便,本方法以干燥空气为标准进行间接标定。

标定方法:用微量注射器抽取干燥空气$5\sim20\mu$L,经进样口注入色谱仪中,使色谱峰高大于二次仪表量程的50%,重复进行3次,相邻3次的峰高极差不得超过5%,取3次测定的平均值为标准空气的峰值。若测定试样较多,则每相隔$3\sim5$个试样进行一次标定,相邻两次标定的峰高变化不得大于5%。

4. 安定性扣除空白

如果本地区中的CO_2含量较高,则在装药时同时装两个空杯修正。修正时,每个空杯进一针,结果取平均值作为空白CO_2的含量,在分析试样时自动扣除。

5. 安定性样品含量测定

用注射器从样品加热杯中抽取1mL气体(若杯内压力大于或小于101.325kPa时,到1mL后即封闭针头,任注射器芯自由伸长或缩短使之与大气平衡)。快速注入色谱仪中,进行特征性气体含量测定。每个样品加热杯只能测试2针,当2针峰高差不超过5%时测定结果有效,即可进行下一个试样测定。

(二)分析过程

分析过程参考实训五(火药中二苯胺含量的测定——气相色谱法)。

安定性分析参数设定与安定剂分析参数略有区别,如图 10-1 所示。

(1)图中分析时间:一个样品分析所需的时间,单位 min。

(2)峰配置窗口:目标组分定性鉴别窗口的宽度。

(3)空气进样量和样品进样量,单位 mL。

(4)保留时间:3 个组分出峰的保留时间。

(5)是否扣除空白含量:如果选中,则每个样品将会自动扣除当天空白中 CO_2 的含量。如当地 CO_2 的含量较高,则必须每天做空白试验。

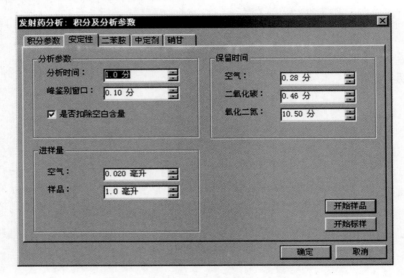

图 10-1 安定性分析参数

(三)试验结果的计算

1. 峰面积测量和计算

(1)使用数据处理仪时可直接测得 CO_2,N_2O 的峰面积。

(2)使用记录仪时需测量和计算 CO_2,N_2O 的峰面积。峰面积的计算公式为

$$A = h \times w_{1/2}$$

式中 A ——峰面积;

  H ——峰高;

  $w_{1/2}$ ——半峰宽。

2. 气体含量计算

(1)用下式计算样品加热杯中 1mL 气体所含特征性气体的含量:

$$C_i = \frac{A_i \times M_s}{A_s \times M_i \times f_i} \times 100\%$$

式中　C_i——样品加热杯中 1mL 气体所含特征性气体的含量；

$\quad\quad$ A_i——被测气体峰面积，mm^2；

$\quad\quad$ M_s——标准空气进样量，mL；

$\quad\quad$ A_s——标准空气峰面积，mm^2；

$\quad\quad$ M_i——被测气体进样量，mL；

$\quad\quad$ f_i——校正因子 $f_{CO_2}=1.30$，$f_{N_2O}=1.28$。

（2）若空白试验能测出 1mL 空气中 CO_2 含量，则应从结果中扣除。

（3）每个试样做两个平行测定，不取平均值，以含量高者为该批火药的化学安定性试验结果。

（4）计算结果精确到 0.01%。

（5）将试验结果填入记录表，并根据不同火药的有关规定，确定下次复试期限。

（四）注意事项及影响分析

1. 专用烧杯的密闭性

本试验是在定容条件下进行的，试验时烧杯密闭与否，对结果影响较大。若有漏气现象，则火药受热分解出的气体会从烧杯中逸出，使其浓度降低，而得出不正确的结果。为了保证不漏气，在装药前应检查烧杯是否缺裂，磨口是否缺损，并应及时更换橡胶垫。在装试样前和试验后可检查烧杯密闭性。检查的方法是往密闭烧杯中注入 10mL 以上的空气，然后浸没水中，如无气泡逸出，则证明烧杯是密闭的。

2. 试验温度的控制

本试验以热分解为基础，试验温度的高低将直接影响火药分解气体的含量。因此，在试验过程中必须将温度严格控制在（90±0.3）℃范围内，才能得到正确的结果。除去其他因素，恒温器的恢复温度时间较为重要，一般为 35～45min。为此，在试验前应试温，确定在 90℃ 时的油浴定点温度和为保证温度按时恢复油浴应控制的温度。

3. 大气压力、温度、湿度的影响

本试验采用外标法定量，标准气体与被测气体处于相同的气压和室温下，故气压和室温对试验结果无直接影响，而大气湿度会直接影响标定结果，定量标定应使用干燥空气。

4. 桥电流的影响

色谱峰面积与桥电流的 3 次方成正比，因此在试验中桥流应保持定值。

5. 仪器的洗涤

仪器的干净与否可能影响火药热解速度，所以必须重视仪器的洗涤。

（1）专用烧杯和盖应先用热水刷洗数次，再用蒸馏水洗两次。若仍不能洗净，则先用丙酮或 1:1 醇醚溶剂浸泡后，再接上法洗涤、干燥。

（2）密封胶圈、胶垫先在 0.05%（质量比）碳酸钠溶液中浸泡 10～15min（新品 4h 以上），再用温水搓洗至中性，最后用蒸馏水洗两次，烘干即可。不能保证密封的胶圈，胶垫应随时更换。

6. 担体的活化处理

色谱柱分离效果不好时，需将担体进行活化处理。活化温度应在 230℃ 以下，活化时间应以能得到满意的分离为准。

7. 氢气瓶的保管和使用

氢气瓶应放于室外,并严禁烟火。使用时应先开瓶口阀,后开减压阀;工作完后则应先关瓶口阀,待压力表降至零点后,再关减压阀。

实训十一 真空安定性、相容性试验——压力传感器法

一、试 验 目 的

真空安定性试验是一种广泛用于工业质量控制检验的方法,我国也将其用于各种炸药、起爆药、火药的安定性和相容性的测定。

本方法可进行炸药、火药、火工药剂及其相关物的安定性和相容性的测定。

二、相关理论和技能

(一)测定原理

定量试样在定容、恒温和一定真空条件下受热分解,用压力传感器测量其在一定时间内放出气体的压力,再换算成标准状态下的气体体积,以评价试样的安定性和相容性。

(二)适用范围

本方法适用于炸药、火药、火工药剂及其相关物的安定性和相容性的测定。

(三)火药的化学安定性、相容性评估

混合炸药在长期贮存过程中,各组分之间是否会因为混合而导致其物理、化学和爆炸性能发生变化;炸药通常需要装填炮弹、水雷、导弹等战斗部中,炸药与战斗部壳体材料之间是否会发生反应,导致各自性质发生变化,这些都属于相容性研究的范畴。

炸药与材料的相容性是指炸药与材料(含其他炸药)相混合或相接触后,保持各自的物理性质、化学性质和爆炸性质不发生明显变化的能力。通常把混合炸药中各组分间的相容性称为内相容性或组分相容性,炸药与接触材料之间的相容性称为外相容性或接触相容性。

炸药与材料不相容时,主要表现为炸药的安定性下降、爆发点下降、起爆感度变化、接触材料性能变化等。

相容性又可分为物理相容性、化学相容性。凡是炸药与材料混合或接触后,体系的物理性质变化(如相变、力学性质等)属于物理相容性的研究范围,体系的化学性质变化则属于化学相容性研究的范围。实际上,这两种现象相互联系,物理性质变化往往可能促进化学性质的变化;反之,化学性质变化也能加快物理变化的进程。

从外在表现来看,不相容主要表现为伴随着产生气体、放热、失重等现象的热分解。因此,相容性通常用测量热分解的方法进行测量。凡是能用于测量热分解的方法都可用于测量化学相容性。不同的测量方法对应不同的分解速度表示方法,也对应不同的相容性判断参量和标准,但原则上可表示为

$$W = W_混 - W_{炸+材}$$

式中　　$W_混$——混合物的热分解速度;

$W_{炸+材}$——炸药和其他组分单独热分解时的分解速度之和。

用于测量炸药相容性的其他方法包括布氏计试验、100℃加热试验和差热分析等,相关试验方法、相容性表示方法和判定标准请参照相关标准和著作。

需要指出,研究炸药相容性的方法很多,但尚没有一种公认的可靠方法。通常做法是同时采用多种方法进行测定,最后综合多种方法的测试结果对相容性做出判断。

三、实训设备和材料

(一)仪器、设备

真空安定性试验仪由反应器和压力传感器等组成。

(1)反应器:火工药剂可以采用其他尺寸的加热试管;

(2)压力传感器:±101.3kPa,每年检定一次;

(3)测压数字表:量程为 0~999.9kPa;

(4)精密真空表:《精密压力表》(GB/T 1227—2017),量程为 0~100.0kPa,分度值为 0.5kPa,每两年检定一次;

(5)天平:分度值为 0.0001g;

(6)真空泵:抽气速率为 1L/s,极限真空度为 $6.67×10^{-2}$Pa;

(7)恒温浴:温度范围为 50~300℃,控温精度为 ±0.5℃;

(8)真空烘箱:温度范围为 30~120℃,控温精度为 ±1℃;

(9)试验筛:《试验筛系列标准》(GB/T 6003—2012),筛网为 SSW1.40/0.71。

(二)试剂、材料

(1)硅橡胶:未硫化的低分子硅橡胶。

(2)高真空密封脂:适用于 −40~+220℃和 $1.332×10^{-4}$Pa。

四、试验准备

(一)试样准备

对大颗粒火药和药柱进行粉碎,通过试验筛,取筛下试样,其他采用原样。

金属或非金属材料需进行粉碎;涂料、油漆、黏结剂等含有溶剂的材料,应涂在玻璃板上,在空气中自然干燥后刮下并粉碎。

试样在(55±2)℃、真空度为 9~12kPa 的真空烘箱内烘干 2h。火工药剂按产品规范中的水分测定条件处理。

(二)试验条件

1. 试样量

安定性试验:火药、一般炸药(5.00±0.01)g;火工药剂(1.00±0.01)g;耐热炸药(0.20±0.01)g。

相容性试验:火药、炸药单一试样(2.50±0.01)g,混合试样(5.50±0.01)g,混合质量比为 1:1;火工药剂单一试样(0.50±0.01)g、混合试样(1.00±0.01)g,混合质量比为 1:1。

2. 试验温度

安定性试验:一般炸药(100.0±0.5)℃或(120.0±0.5)℃;耐热炸药(260.0±0.5)℃;单基药(100.0±0.5)℃;双基药和三基药(90.0±0.5)℃;火工药剂(100.0±0.5)℃。

相容性试验:炸药、单基药和火工药剂(100.0±0.5)℃;双基药和三基药(90.0±0.5)℃。

3. 加热时间

安定性试验:火药、一般炸药和火工药剂连续加热48h;耐热炸药连续加热140min。

相容性试验:连续加热40h。

4. 仪器的标定与准备

反应器容积的标定:用滴定管将蒸馏水滴入加热试管至其磨口下边缘,所耗水的体积为加热试管的容积。

测压连接管路容积的标定:按气体状态方程波义耳定律采用气测法标定真空安定性试验仪内与反应器连接管路的容积。

五、试验程序与数据处理

1. 试验程序

(1)每次试验前首先进行真空安定性试验仪的检漏,整个系统抽空后,保持5min,确认无漏气为止。

(2)按规定称取试样,置于反应器的加热试管中。

(3)反应器的真空活塞与加热试管磨口,分别涂高真空密封脂密封。

(4)将反应器接到真空安定性测试仪上抽空,系统内压力小于760Pa后,再保持5～10min。

(5)抽好真空的反应器置于规定的温度的恒温浴中加热,连续加热到规定的时间后,取出,自然冷却到室温。

(6)冷却后的反应器接到真空安定性试验仪上,测量试样分解释放的气体压力。

2. 试验数据的处理

试样在标准状态下释放的气体体积的计算公式为

$$V_H = 2.69 \times 10^{-3} \frac{P}{T}(V_o - V_G)$$

式中　　　　V_H ——试样在标准状态下释放的气体体积,mL;

2.69×10^{-3} ——标准状态下温度与压力的比值,K/Pa;

P ——试样释放的气体压力,Pa;

V_o ——反应器容积和测压连接管路容积之和,mL;

V_G ——试样体积(质量除以真密度),mL;

T ——实验室温度,K。

相容性按下式计算:

$$R = V_C - (V_A + V_B)$$

式中　R ——反应净增放气,mL;

V_C ——混合试样放气量,mL;

V_A ——火药、炸药或火工试样放气量,mL;

V_B——接触材料放气量，mL。

3. 结果的表述

每种试样平行测定 3 次，结果全部报出。如有异常，需查找原因，属于过失误差可重做试验。

评价安定性的推荐性等级：每克试样放气量不大于 2mL，安定性合格。

评价火药、炸药相容性的推荐性等级：$R<3.0mL$，相容；$R=3.0\sim5.0mL$，中等反应；$R>5.0mL$，不相容。

附录一　实验室一般安全规则

化学实验室必须执行严格的安全规章。下面列出一些预防一般试验事故的重要规定。若学生对试验有什么设想或考虑则应报告教师,在安全、可行的情况下可专门安排这样的试验。

一、眼 睛 保 护

(1)必须佩戴护目镜。
(2)不允许药品试剂直接接触眼球。

二、身 体 保 护

(1)穿合适的衣服——不允许穿短裤、背心、凉鞋或布鞋(鞋应是防水的)。
(2)长发应盘束。
(3)不准抽烟、喝饮料、吃东西或嚼口香糖。
(4)不准一个人进实验室工作。
(5)不准喧闹或做未经许可的试验。
(6)了解所有防护设备的放置地点和操作,如灭火器、消防栓、洗眼剂、石棉布等。
(7)用玻璃管穿橡皮塞时,首先用水将两者润湿。用毛巾护着手,手握玻璃的地方距橡皮塞约 3cm,将玻璃管微微旋进橡皮塞(操作不慎会导致许多试验事故,要小心)。
(8)不准将鼻子靠近盛试剂的容器中嗅闻。
(9)离开实验室时应用肥皂和水洗涤双手。

三、化学废弃物处理

(1)按规定进行废弃物的处理。
(2)使用适当的容器盛放废弃物,不能混放。

四、加　　热

(1)不准将试管口对着人。
(2)点燃酒精灯、煤气灯之前检查周围是否有易燃物品。
(3)加热时不能擅自离开。
(4)不能加热密封系统。

五、化学药品的移取

(1)产生怪异气味的反应在通风橱内进行。
(2)不准用嘴吸移液管,应用橡皮吸球或注射泵吸液。
(3)不应将水加入浓酸中,应在不断搅拌下将酸缓慢地加入水中。
(4)试剂瓶:

1)仔细阅读标签。

2)不要污染试剂瓶。

a. 将所需药品移入烧杯。

b. 试剂瓶标签朝上。

c. 不许将任何东西放入试剂瓶。

d. 不许将未用完的试剂倒入试剂瓶。

3)不要移取过量的试剂。

六、其 他 规 则

(1)将仪器损坏情况报告教师或仪器管理员。

(2)试验结束后切断气源、水源和电源,清理桌面和周边的地方。

(3)完成未经许可的试验不能计分。若学生想要通过一个试验验证某个想法,则应事先向教师阐述清楚。

(4)阅读每个试验的安全注意事项。

七、急 救

若在试验中受伤或流血,则要紧急呼救!

对溅出的酸和碱,首先用大量的水冲洗。这是首要的措施。

(1)对于碱灼伤,水洗后用5％的氯化铵溶液冲洗,再用水清洗。

(2)对于酸灼伤,水洗后用碳酸氢钠溶液冲洗,再用水清洗。

除非有医生的指导,不要将药膏或止痛药涂于伤口处。请求教师给予帮助。

附录二　火药分析实验室安全规则

一、一般安全规则

在火药试验中,经常接触火药、强酸、强碱、有机溶剂及有毒试剂,如不小心,就可能发生燃烧、爆炸、化学烧伤及中毒等事故。为预防事故的发生和便于实施现场抢救,应遵守下述安全规则:

(1)实验室内应有良好的通风设备。

(2)严禁在实验室内吸烟,火药准备间严禁带入火柴和打火机。

(3)实验室内应设有消防栓和备有足够数量的灭火器、沙箱和石棉布等消防器材。

(4)应保持实验室走廊和过道的畅通,不得在走廊、过道堆放物品或经常进行其他作业。

二、进行火药试验时的安全规则

(1)在操作过程中,严禁随意将试样撒在桌上、地上、下水道或废水缸内。用过的废药或不用的剩余火药应收集销毁。

(2)加热火药试样时,应采用间接加热的方法,如使用水浴、油浴、气浴及电热板等;禁止直接加热;加热温度不能超过规定温度,为此,温度计必须符合要求,加热中应坚守岗位,必须经常检查和控制温度的变化情况。

(3)烘干火药试样时,应用水浴烘箱或安全电烘箱,一次烘干的药量不可超过规定药量,试样应摆放在温度计水银球附近,不可与箱壁或箱底接触,也不能将试样撒出。为了保证烘箱作用可靠,必须预先将温度调整到规定范围,并在达到恒温时才能放入试样。加热中不能将烘箱门关死,这样一旦燃烧,烘箱门就能自动开启,以减少危害。烘干期间应专人看管,随时检查温度是否保持在规定范围内,并注意观察试样受热后的变化情况。

三、使用有机溶剂时的安全规则

(1)瓶装的有机溶剂应存于专用库房(如地下库),实验间禁止存放大量的易燃溶剂,试验中使用时也应将其隔离放置,隔绝火、电、热源。

(2)在提取或蒸馏有机溶剂(如乙醚、乙醇)时,应使用蒸气浴或水浴,以防止易燃溶剂或它的蒸气接触暴露的火源或灼热的物体。

(3)处理有机溶剂时应在通风橱内进行。蒸馏时防止迸沸及局部过热,溶剂每次加入量不要超过蒸馏烧瓶体积的 $2/3$,加热要慢,使温度逐渐升高,不可向热烧瓶或在火源附近添加溶剂。在提取与蒸馏时,要注意检查仪器的密封性,防止漏气,注意排气与通风。

(4)提取与蒸馏过程中,要保证冷却水的畅通,要有专人看管并不得擅离职守。

(5)有机溶剂蒸气一般比空气重,易被火焰点着,因此在使用有机溶剂时,应禁止附近有暴露的火源,绝对禁止吸烟和使用火柴、打火机。

(6)废有机溶剂应进行回收或作为废物燃烧销毁,不能随便倒入废水缸或下水道。

四、使用强酸、强碱时的安全规则

（1）在稀释浓硫酸时，应将硫酸缓慢地沿器壁注入水中，严禁将水加入硫酸内，以防硫酸急骤升温后液滴四处飞溅伤人。

（2）倾倒浓盐酸、硝酸和发烟硫酸时，应在通风橱内进行，并注意不将脸部对着瓶口。

（3）配制浓碱溶液的作业，应在搪瓷或陶瓷盆内进行，为使氢氧化钾或氢氧化钠较快溶解，应用玻璃棒不断地搅动尚未溶解的部分。此项作业不能使用玻璃器具，溶解过程中局部过热，易使其破损。盛碱液的瓶塞不可用玻璃制品，因放置一段时间后，玻璃瓶塞很难取下；如用玻璃瓶塞，可在瓶口与玻璃塞间置放一纸条。

（4）在倾倒浓酸、浓碱溶液及洗液后，应立即用湿抹布擦净或用水冲净器皿口部及其外壁。不可将浓酸撒在地面、桌面、皮肤或衣服上，并禁止倾入下水道内。若有浓酸、浓碱撒出，应立即用水冲洗清理。

（5）在配制浓酸、浓碱液时，应避免用手直接接触，宜戴防护眼镜、胶皮手套和系胶皮围裙，以防烧蚀衣物和皮肤。

五、使用有毒试剂时的安全规则

（1）试验中吸取有毒试剂时，应使用橡皮球，不得用嘴吸取。所有能产生有毒气体的操作都应在通风橱内进行。

（2）接触有毒试剂的操作，要穿戴必要的防护用具，不要用手直接接触。工作结束后，应将夹持器械和容器清洗干净，并立即洗手。

（3）嗅闻检查试剂时，只能从瓶口处用手轻轻扇送少量气体入鼻内，不可将鼻子对着瓶口猛吸、猛嗅。

（4）在打开浓氨水、乙醚、溴、过氧化氢、四氯化碳及三氯甲烷等试剂的瓶塞时，不应将脸部对着瓶口，以防喷出的气体或液体伤人。

（5）汞是一种有毒物质，易挥发，它的蒸气也能使人体中毒，所以汞必须存放在严密的瓶中。撒落在地面或桌面的汞珠应及时用汞吸管、锡箔或紫铜勺收集，缝隙里难以清除的小滴，则可撒硫磺粉覆盖，使成为硫化物。经常用汞的实验室，还可定期用碘蒸气熏蒸。

（6）剧毒药品应保存在密闭良好的瓶内，贴上明显的标签，放在专用柜或保险柜内保管。

附录三　不同温度下水蒸气的压力

附录三　不同温度下水蒸气的压力

温度/℃	压力/mmHg	温度/℃	压力/mmHg	温度/℃	压力/mmHg	温度/℃	压力/mmHg
0	4.58	26	25.21	52	102.1	78	327.3
1	4.93	27	26.74	53	107.2	79	341.0
2	5.29	28	28.35	54	112.5	80	355.1
3	5.69	29	30.04	55	118.0	81	369.7
4	6.10	30	31.83	56	123.8	82	384.9
5	6.54	31	33.70	57	129.8	83	400.6
6	7.01	32	35.66	58	136.1	84	416.8
7	7.51	33	37.73	59	142.6	85	433.6
8	8.05	34	39.90	60	149.4	86	450.9
9	8.61	35	42.18	61	156.4	87	468.7
10	9.21	36	44.56	62	163.8	88	487.1
11	9.84	37	47.07	63	171.4	89	506.1
12	10.52	38	49.69	64	179.3	90	525.8
13	11.23	39	52.44	65	187.5	91	546.1
14	11.99	40	55.32	66	196.1	92	567.0
15	12.79	41	58.34	67	205.0	93	588.6
16	13.63	42	61.50	68	214.2	94	610.9
17	14.53	43	64.80	69	223.7	95	633.9
18	15.48	44	68.26	70	223.7	96	657.6
19	16.48	45	71.88	71	243.9	97	682.1
20	17.54	46	75.65	72	254.6	98	707.3
21	18.65	47	79.60	73	265.7	99	733.2
22	19.83	48	83.71	74	277.2	100	760.0
23	21.07	49	88.02	75	289.1		
24	22.38	50	92.51	76	301.4		
25	23.76	51	97.2	77	314.1		

注：1mmHg≈133.182Pa。

附录四　容量仪器的允许误差

容量/mL	标准温度20℃时标称容量的允许偏差/mL						
	量筒		量杯	一等量瓶		二等量瓶	
	量入式	量出式	量出式	量入式	量出式	量入式	量出式
5	±0.08	±0.16	±0.5	—	—	—	—
10	±0.15	±0.3	±0.6	±0.02	±0.04	—	—
25	±0.2	±0.4	±0.6	±0.03	±0.06	±0.06	±0.12
50	±0.3	±0.6	±1.0	±0.05	±0.10	±0.10	±0.20
100	±0.4	±0.8	±1.5	±0.10	±0.20	±0.20	±0.40
200	—	—	—	±0.10	±0.20	±0.20	±0.40
250	±1.0	±2.0	±3.0	±0.10	±0.20	±0.20	±0.40
500	±2.0	±4.0	±6.0	±0.15	±0.30	±0.30	±0.60
1 000	±4.0	±8.0	±10.0	±0.30	±0.60	±0.60	±1.20
2 000	±6.0	±12.0	—	±0.50	±1.00	±1.00	±2.00

容量/mL	标准温度20℃时标称容量的允许偏差/mL					
	无分度单标记移液管		有分度移液管及无分度双标线移液管		滴定管	
	一等	二等	一等	二等	一等	二等
1	±0.006	±0.015	±0.01	±0.02	±0.006	±0.015
2	±0.006	±0.015	±0.01	±0.02	±0.006	±0.015
5	±0.01	±0.03	±0.02	±0.04	±0.01	±0.03
10	±0.02	±0.04	±0.03	±0.06	±0.02	±0.04
25	±0.04	±0.10	±0.05	±0.10	±0.03	±0.06
50	±0.05	±0.12	±0.08	±0.16	±0.05	±0.10
100	±0.08	±0.16	±0.10	±0.20	±0.10	±0.20

说明:滴定管在使用时进行刻度修正,可将上述允许误差放大至规定的3倍。

附录五 常用洗涤液、试剂、指示剂的配制

一、0.2mol/L 溴酸钾-溴化钾溶液

每制备 0.2mol/L 溴酸钾-溴化钾溶液 1L，称取溴酸钾 5.57g（溴酸钾的摩尔质量为 27.835g/mol）、溴化钾 20～50g 于烧杯内，加水 150mL，搅拌使其完全溶解，最后加水至 1L，移入棕色细口瓶内备用。

注意事项如下：

(1)溴酸钾极不易溶解，应先研碎，必要时可加热。

(2)加溴化钾的目的，是增加溴酸钾的氧化能力及其在水中的溶解度。加入溴化钾的量一般在 25g 以上较好。

二、15% 碘化钾溶液

称取 15g 碘化钾，倒入烧杯，加蒸馏水 85mL，使其溶解，再移入瓶中备用。

三、0.5% 淀粉溶液

称取可溶性淀粉 0.5g，加水少许调成糊状，徐徐倾入正在沸腾的 100mL 蒸馏水中，继续加热 5min 后停止加热。冷却后将上部澄清液移于瓶中备用。

四、铬酸洗液

配制 1L 铬酸洗液，称取约 50g 重铬酸钾，加水约 100mL 加热至完全溶解，冷却后，缓慢地注入约 900mL 浓硫酸，边加边搅动。也可用浓硫酸直接溶解，但溶解的速度较慢。配成的溶液为深褐色，容易吸收空气中的水分，因此应储于磨口严密的瓶中备用。

五、不同浓度盐酸溶液

不同浓度盐酸溶液的配制见附表 5-1。

附表 5-1　不同浓度盐酸溶液的配制

盐酸浓度（约数）/(mol·L^{-1})	配制用量与用法
12	相对密度为 1.19 的 HCl 即为 12mol/L
6	取 12mol/L HCl 与等体积水混合
4	取 12mol/L HCl 334mL 加水稀释成 1L
3	取 12mol/L HCl 250mL 加水稀释成 1L
2	取 12mol/L HCl 167mL 加水稀释成 1L
1	取 12mol/L HCl 84mL 加水稀释成 1L

附录六　火炸药用近红外光谱分析方法指南

警告:使用本指导性技术文件的人员应有在正规实验室工作的实践经验。本指导性技术文件并未指出所有可能的安全问题。使用者有责任采取适当的安全和健康措施,并保证符合国家有关法规规定的条件。

一、范　　围

本指导性技术文件规定了火炸药用近红外光谱分析方法的仪器和设备、试剂和材料、试验条件、试样制备、分析步骤、结果说明、安全注意事项和分析示例。

本指导性技术文件适用于火炸药组分或物化性质的定量分析。

本指导性技术文件适用于火药、炸药、烟火药、火工品药剂及其相关产品或生产过程物料的快速测定。

二、规范性引用文件

下列文件中的条款通过本指导性技术文件的引用而成为本指导性技术文件的条款。凡是注日期的引用文件,其随后所有的修改单(不包含勘误的内容)或修订版均不适用于本指导性技术文件,然而,鼓励根据本指导性技术文件达成协议的各方研究是否可使用这些文件的最新版本。凡是不注日期的引用文件,其最新版本适用于本指导性技术文件。

GB/T 8322《分子吸收光谱法术语》

GB/T 14666《分析化学术语》

GB/T 24895—2010《粮油检验　近红外分析定标模型验证和网络管理与维护通则》

GB/T 29858—2013《分子光谱多元校正定量分析通则》

GJB 770A—1997《火药试验方法》

GJB 772A—1997《炸药试验方法》

三、术语和定义

GB/T8322,GB/T 14666,GB/T 24895—2010,GB/T 29858—2013,GJB 770A—1997 和GJB 772A—1997 确立的以及下列术语和定义适用于本指导性技术文件。

(一)校正模型(calibration model)

表达一组样品的成分浓度或性质与其光谱之间关联关系的数学表达式。

(二)参考方法(reference method)

用于测定校正样品和验证样品成分浓度或性质的分析方法。

注意:通常为标准方法或是推荐认可的方法。

（三）参考值（reference values）

用参考方法测定的校正样品或验证样品成分浓度或性质结果。

（四）校正样品（calibration samples）

成分浓度或性质已知的用来建立校正模型的样品。

（五）验证样品（validation samples）

成分浓度或性质已知的用来验证校正模型性能的样品。

（六）校正标准误差（standard error of calibration）

在多元校正中用来评价校正模型的预测能力，采用校正样品参考值和预测值计算的标准误差。

（七）验证标准误差（standard error of prediction）

在多元校正中用来评价校正模型的预测能力，采用验证样品参考值和预测值计算的标准误差。

（八）离群值（outlier）

离开其他测定值较远的样品测定值，表示样品可能与校正模型使用的样品差异较大。

（九）异常样品（abnormal method）

出现离群值的样品。

四、方 法 概 述

利用火炸药分子中的 C—H，N—H，O—H 等化学键在近红外光谱区（780～4 000nm）的吸收特性，采用多元校正方法建立火炸药近红外光谱与其组分含量或性质数据之间的相关关系，计算火炸药组分含量或性质数据。

五、仪 器 和 设 备

（一）分析系统基本组成

近红外光谱分析系统主要由光源系统、分光系统、样品室、检测器、控制与数据处理系统及记录显示系统组成，见附图 6－1。

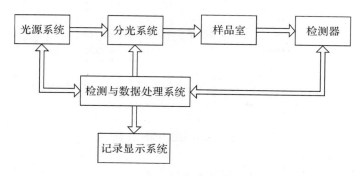

附图6-1 记录显示系统

（1）光源系统主要由光源和光源稳压电路组成。

（2）分光系统的作用是将光源发射的连续光变成单色光。近红外光谱仪的分光方式主要有滤光片、光栅、傅里叶变换和声光可调滤过四种类型。

（3）检测器的作用是将光信号转变为电信号，检测器一般由光敏元件构成，光敏元件的材料不同，其工作范围也不同，从而决定了仪器的检测波长范围。常用的光敏材料及波长范围见附表6-1。

（4）样品室用以放置样品。

（5）控制系统控制仪器各部分的工作状态，一般由微处理器或计算机配以相应的软件和硬件组成。

数据处理系统主要对采集的光谱进行分析处理，实现定性或定量分析。

（6）显示或打印样品光谱或测量结果。

附表6-1 常用的光敏材料及波长范围

光敏材料	波长范围/nm	光敏材料	波长范围/nm
Si	700～1 100	InSb	1 000～5 000
Ge	700～2 500	InAs	800～2 500
PbS	750～2 500	InGsAs	800～2 500

（二）附件

近红外分析系统常用的附件主要有漫反射光纤探头、透射光纤探头、透反射光纤探头、漫透射光纤探头、积分球、旋转样品台、液体池、气体池、恒温样品池等。

（三）技术要求

（1）近红外分析系统采集的光谱必须是波长（频率）的连续光谱。

（2）近红外分析系统应配备光谱测量软件和化学计量学软件。

（3）近红外分析系统应具备分辨率、波长准确性、波长重复性、吸光度准确性、吸光度重复性等仪器性能自检的功能，且自检结果必须符合仪器出厂的技术要求。

六、试剂和材料

(1)样品杯:采用低羟基石英材料。

(2)比色皿:采用低羟基石英材料。

七、试 验 条 件

一般实验室仪器的工作环境应符合以下要求:

(1)工作环境应远离火源,附近无强电、磁场干扰;

(2)工作环境中不应有腐蚀性气体,应防尘;

(3)工作环境相对湿度不大于85%,温度为5~35℃。

用于生产现场、工艺线上等其他特殊运行环境的近红外分析系统可根据环境要求定制。

八、试 样 制 备

(1)粉末状、颗粒状(如造型粉)、絮状(如硝化棉)等固体火炸药样品和具有流动性的液体样品不需要前处理。

(2)块状、片状均质固体火炸药,可选择具有平整表面的样品作为试样,也可以按照规定处理为具有平整表面的试样。试样待测面应平整且大于仪器检测光斑。

(3)异形(如管状、多孔状等)或不均质的固体火炸药样品应按照规定进行粉碎、研磨等前处理,试样制备方法可采用 GJB 770A—1997 中方法 101.1 或其他认可的方法。

九、分 析 步 骤

(一)校正模型的建立

1. 校正样品和验证样品的制备

(1)校正样品和验证样品应与试样是同一种火炸药(化学组分相同)。校正样品和验证样品组分含量或性质数据变化范围应涵盖试样组分含量或性质数据的变化范围。校正样品组分或性质数据变化范围应涵盖验证样品组分含量或性质数据的变化范围。

(2)校正样品和验证样品组分含量或性质数据变化范围应满足建立多元校正关系的要求,并在其范围内呈均匀分布。

(3)校正样品和验证样品可以在生产线上经过长时间、多批次收集的方式制备。如果生产线上收集的样品组分含量或性质数据变化范围不能满足建立多元校正关系的要求,可以设计制备部分样品,与收集的样品一起作为校正样品和验证样品。

(4)各组分不发生化学变化,可以简单混合配制的火炸药、校正样品和验证样品可采用质量法或容量法制备。复杂火炸药应参照生产工艺制备,制备时不应只改变其中某单一组分的含量,应避免各组分含量按比例增大或减小,应确保原材料、制备条件、化学组成、物理形态(颗粒大小、颜色、表面特征等)与生产样品保持一致。

(5)校正样品和验证样品的数量应满足多元校正方法确定光谱变量与组分含量或性质数据之间的线性关系的要求。样品组分数较少时,对应光谱变量较少,建立校正模型需要使用的校正样品和验证样品的数量也较少;样品组分较多时,对应光谱变量较多,建立校正模型需要使用的校正样品和验证样品的数量也较多。一般校正样品数量不应少于 50 个,验证样品数不应少于 20 个。

2.**参考值**

(1)对于采用质量法或容量法制备的火炸药校正样品和验证样品,按照配制比例计算各组分含量作为校正样品和验证样品的参考值。

(2)对于经过一定工艺过程生产制备的复杂火炸药校正样品和验证样品,如熔铸炸药、发射药等,由于工艺过程组分含量有部分流失或变化,其样品应参照 GJB 770A—1997 等标准中相应的方法测定参考值。

3.**光谱采集**

(1)光谱采集方式的选择如下:

1)根据试样物理性状选择合适的光谱采集方式,并配置相应光谱测量附件。

2)固体火炸药可采用漫反射方式进行光谱测量,通常配置积分球、漫反射光纤探头;均匀透明的液体火炸药可采用透射或透反射方式进行光谱测量,通常配置透射或透反射探头;乳状、浆状、黏稠状以及含有悬浮颗粒的流动性液体火炸药可采用漫透射或透反射方式进行光谱测量,通常配置漫透射光纤或透反射光纤探头;对于完全不透光的流动性液体火炸药,也可以采用漫反射方式进行光谱测量,通常配置积分球、漫反射光纤探头。

3)对于组分含量和性质数据随温度变化较大的试样,应配置恒温样品室。

4)对于较大颗粒固体火炸药宜使用积分球旋转样品台进行光谱测量。

(2)装样方式的选择如下:

1)根据试样的理化特性,选择合适的装样方式。

2)密度较大的粉末状、小颗粒状(如造型粉)固体火炸药试样,可直接取适量装入样品杯进行光谱测量;密度较小的固体火炸药(如硝化棉)试样,取适量装入样品杯后,按规定压制紧密后进行光谱测量;待测面平整且大于检测光斑的块状、片状均质固体火炸药试样,可直接进行光谱测量。

3)稳定、透明、均质的液体火炸药试样,取适量装入比色皿进行光谱测量;易分层或产生沉淀的液体火炸药试样,搅拌均匀,取适量装入样品杯快速测量;特别容易沉淀的试样可在搅拌过程采用光纤探头进行光谱测量。

(3)光谱扫描条件的确定如下:

1)根据火炸药试样的近红外光谱吸收特性,以获得具有高效信息的稳定光谱为目的,通过试验确定合适的分辨率和扫描次数。

2)对于组分含量和性质数据随温度变化较大的试样,通过试验确定最佳温度。

3)使用积分球旋转样品台,应通过试验确定最佳旋转速度。

(4)光谱测量如下:

1)按照前述方法选择光谱采集方式及相应的附件,连接安装好仪器。

2)正常工作状态下,每天测定前,按照近红外光谱仪说明书的要求进行仪器预热和自检,如果自检不合格应停止使用。

3)按照前述方法选择装样方式,按照前述方法确定扫描条件。

4)先扫描背景,然后扫描试样,每个试样测定2~4次。校正样品和验证样品光谱应取多次测量的平均光谱。

5)校正样品、验证样品和试样应使用同一背景测试模块进行背景扫描。

6)校正样品、验证样品和试样的光谱测量应使用相同的光谱分析系统、光谱采集方式、装样方式和光谱扫描条件。

(5)校正模型的建立与优化如下:

1)选择足够数量的校正样品,采集光谱,测定组分含量或性质数据的参考值。

2)根据样品的复杂程度和化学计量学软件可提供的多元校正算法,选择合适的算法建立校正模型。常用的多元校正算法包括多元线性回归、主成分回归和偏最小二乘法等。

3)通过选择合适的光谱数据预处理方法、波长或频率范围、变量数、异常样品的统计和识别方法等进行校正模型的评价和优化,优化详细步骤参照GB/T 29858—2013。

4)对校正模型进行验证,校正模型的预测能力应满足实际检测的要求。如果校正模型的预测能力不能满足实际需求或模型有效性可疑,则检查校正模型建立过程的每个步骤,选择其他算法或建模条件,重新建模,直至模型符合要求。

注意:如果近红外分析系统已经具有通过验证的可靠校正模型,则不需要模型建立步骤。

(二)试样测定

(1)正常工作状态下,每天测定前,按照近红外光谱仪说明书的要求进行仪器预热和自检,如果自检不合格应停止使用。

(2)仪器的扫描条件按照校正样品和验证样品试样的光谱扫描条件设置,先进行背景扫描。

(3)按照校正样品和验证样品试样的装样方式装样,然后进行试样扫描。

(4)每个试样测定多次,分别保存光谱。

十、结 果 说 明

(1)利用仪器软件,调入校正模型和试样光谱,计算出火炸药试样的组分含量或性质数据。

(2)测定结果应在校正模型所覆盖的组分含量范围内。

(3)多次平行测定结果的误差应符合校正模型的误差要求,测定结果取多次测定的平均值。

（4）检测温度应控制在校正模型规定的温度检测范围内。

（5）若试样被校正模型判断报警为异常样品，则应对造成测定结果异常的原因进行分析和排除，再进行第二次测定；若仍出现报警，则确定为异常样品。

（6）对于检测时报警的异常样品，其测定结果不应作为有效数据。

（7）异常样品的处理：按照参考方法对该样品进行测定。将采集的光谱和参考值及时通报给管理者或仪器生产商，以利于今后对校正模型进行升级。当积累了较大量的异常样品时，应进行模型的升级，即加入这些异常样品重新建立校正模型。

十一、注意事项

（一）安全注意事项

（1）试样制备前应观察和了解试样的理化性质、危险性和毒害性。

（2）试样制备应严格按照操作规范，试验操作人员应穿戴好防护用品。

（3）切削、压延等试样制备操作应慢速进行，通过使用防护挡板等做好安全防护措施；禁止剧烈撞击、摩擦，避免产生火花或发生爆炸；宜采用人机隔离操作。

（4）样品存贮应明确存贮条件，对不稳定、易分解的样品应及时销毁。

（5）容易挥发的试样应在通风橱中制备。

（6）在仪器开启期间，不应用肉眼直视近红外光源，以免灼伤眼睛。

（二）使用注意事项

（1）在一台光谱仪上建立的校正模型不应直接在另一台光谱仪上使用，应进行模型传递。模型传递应在两台仪器上同时测量一组样品，用于建立光谱或模型的转换函数。传递后的校正模型应通过模型验证，确定其检测性能没有显著性降低才可以使用。

（2）对仪器的检测结果应定期进行日常对比。对比方法为采用参比方法分析 1～2 个样品，将参比值与近红外检测结果对比，考察两种检测方法的偏差是否在标准范围内。若正常，则校正模型继续使用；若异常，则需要对异常原因进行分析排除直至正常，否则校正模型应停止使用。

（3）日常对比出现异常前后，可看作为两台仪器，按照模型传递处理。

（4）若仪器维修对光谱响应产生较大的影响，导致校正模型检测结果的改变，则需要进行校正模型的维护，将维修后与维修前的仪器看作为两台仪器，按照模型传递处理。

（5）为了确保数据文件不丢失，需要定期进行数据库文件备份，数据库包括校正模型、校正样品和验证样品的光谱及参比值、试样光谱等。

参 考 文 献

[1]　《发射药理化分析》编写组.发射药理化分析[M].北京:国防工业出版社,1988.

[2]　陈玲.火药分析基础[M].北京:海潮出版社,2008.

[3]　周科衍,吕俊尼.有机化学实验[M].2版.北京:高等教育出版社,1992.

[4]　朱明华.仪器分析[M].北京:高等教育出版社,1994.

[5]　韩其文.通用弹药化验试验[M].北京:国防工业出版社,2007.

[6]　马庆云.复合火药[M].北京:北京理工大学出版社,1997.

[7]　沈瑞琪.含能材料实验[D].南京:南京理工大学,2007.

[8]　胡国胜,张丽华,牛秉彝.单基与多基火药[M].北京:兵器工业出版社,1996.

[9]　张端庆.固体火箭推进剂[M].北京:兵器工业出版社,1991.

[10]　王泽山.含能材料概论[M].哈尔滨:哈尔滨工业大学出版社,2006.

[11]　李东阳.弹药储存可靠性分析设计与试验评估[M].北京:国防工业出版社,2013.